U0249387

合成宝石晶体的水热法生长

张昌龙　曾骥良　周卫宁　陈振强　著

科学出版社

北京

内 容 简 介

本书总结了作者多年从事水热法宝石晶体生长研究的实践经验和成果，阐述了水热法宝石晶体生长的基本原理、影响因素及工艺技术等，重点介绍了高压釜及其配套的电阻炉的设计和制造，对 Tairus 水热法及桂林水热法合成的祖母绿、红宝石、蓝宝石等宝石晶体的生长条件、工艺参数以及宝石学特征等进行了详细研究和对比。

本书通俗易懂、图文并茂，适合珠宝合成优化科技工作者、大中专院校珠宝专业的老师和学生、珠宝鉴定工作者，以及广大的珠宝爱好者和收藏者参阅。

图书在版编目（CIP）数据

合成宝石晶体的水热法生长 / 张昌龙等著. —北京：科学出版社，2023.9
ISBN 978-7-03-076336-5

Ⅰ．①合… Ⅱ．①张… Ⅲ．①宝石－人工合成－水热法－研究
Ⅳ．①TQ164

中国国家版本馆 CIP 数据核字（2023）第 178703 号

责任编辑：彭婧煜 / 责任校对：杨 赛
责任印制：吴兆东 / 封面设计：义和文创

科 学 出 版 社 出版
北京东黄城根北街 16 号
邮政编码：100717
http://www.sciencep.com
北京中科印刷有限公司印刷
科学出版社发行 各地新华书店经销
*
2023 年 9 月第 一 版 开本：720 × 1000 1/16
2025 年 1 月第二次印刷 印张：13
字数：250 000
定价：198.00 元
（如有印装质量问题，我社负责调换）

序

    中国有色桂林矿产地质研究院有限公司（以下简称桂林院）于 1976 年 3 月开始筹建高温高压成岩成矿实验室，其间采取边建设边试验的方法，先后在"中国斑岩铜矿""湘南-粤北铅锌矿""个旧-大厂锡矿"等科研项目中，对有色金属矿床的成矿元素迁移形式和运移能力、主要金属矿物组合、矿石矿物组合及近矿围岩蚀变的形成条件、花岗岩成因及其与 W、Sn、Cu、Pb、Zn 等有关的矿床成因关系进行了试验研究。在此期间，还自行研制了由耐热不锈钢、钛合金和高温合金等制造的、反应腔尺寸为 $\Phi 8 \sim 18$ mm×$80 \sim 200$ mm 的外螺帽式自紧密封高压釜，以及外加热、外加压的"扩散反应器"（$T \leqslant 500\,^{\circ}\mathrm{C}$，$p \leqslant 300$ MPa）和"微型反应器"（$T \leqslant 850\,^{\circ}\mathrm{C}$，$p \leqslant 300$ MPa）等高压釜设备。此外还与中国科学院地球化学研究所合作研制了外加热、外加压的"RQV-1 型快速淬冷高压釜装置"（$T \leqslant 850\,^{\circ}\mathrm{C}$，$p \leqslant 200$ MPa）。上述专用设备均已在全国推广应用，促进了我国高温高压成岩成矿试验的发展。同时，高温高压实验室的建设及其试验研究也为桂林院开展水热法合成宝石晶体的研究奠定了基础。

    从 1987 年 10 月开始，桂林院先后开展了水热法合成祖母绿晶体和彩色刚玉宝石晶体等的研究，相继承担并完成了"祖母绿合成工艺的试验研究""红宝石晶体水热法合成实验研究""水热法合成红宝石晶体中试""水热法合成刚玉类晶体的研究与开发""彩色刚玉宝石晶体的工程化研究"等一批科研项目。与此同时，桂林院还根据宝石晶体水热法合成的需要，自行研制了由高温合金（如 GH4698、GH4169 和 GH2901 等）制造的不同类型的高压釜，如：①外螺帽式自紧密封高压釜，反应腔尺寸为 $\Phi 22$ mm×250 mm 和 $\Phi 30$ mm×460 mm 等；②法兰盘式自紧密封高压釜，其反应腔尺寸为 $\Phi 38$ mm×700 mm、$\Phi 42$ mm×750 mm、$\Phi 60$ mm×1100 mm 和 $\Phi 70$ mm×1300 mm 等；③内螺纹式自紧密封高压釜，其反应腔尺寸为 $\Phi 90$ mm×1500 mm 等。上述高压釜均可在温度 $T \leqslant 600\,^{\circ}\mathrm{C}$、压力 $p \leqslant 180$ MPa 的条件下安全可靠、长周期连续地运行。与此同时，还设计制造了与上述高压釜一一配套的温差井式电阻炉，它们的加热电功率范围是 $5 \sim 30$ kW。

    进入 21 世纪以来，桂林院又先后对磷酸氧钛钾（KTP）、硅酸铋（BSO）、氟硼酸铍钾（KBBF）和氧化锌（ZnO）等人工功能晶体的水热法生长开展了研究，并相应地承担了国家自然科学基金重点及面上项目、国家"863 计划"项目、国家重点研发计划项目等一批国家和省部级的重点科研项目，取得了一批重要的科研成果，其中，水热法 KTP 晶体在电光应用上取得突破并实现了科研成果的转化。

为对桂林院水热法合成宝石晶体的研究开发工作进行总结，我们特在上述工作和成果的基础上编著了《合成宝石晶体的水热法生长》。本书侧重于合成宝石晶体水热法生长的条件和技术等方面的总结，阐述了祖母绿和彩色刚玉等合成宝石晶体水热法生长的原理、技术、设备、工艺条件等；同时，对合成宝石晶体水热法生长中涉及的热力学和动力学等也进行了必要的介绍。我们热切地希望本书对在宝石及人工晶体领域从事科研、教学和生产的科技人员，以及高校相关专业的师生有所裨益。

在开展水热法合成宝石晶体的研发过程中，曾得到了肖荣仁、曹修农、李顺安、张智军等的大力支持和帮助；在本书的撰写过程中，我们除了引用国内外的相关研究成果和文献资料以外，还得到了有关领导、同事的支持和鼓励，王继扬、沈才卿教授百忙中审阅了初稿并提出修改意见，亓利剑教授提供了部分彩色水晶插图，李东平帮助制作了本书部分插图，何小玲、童静芳协助完成 FTIR 的测试，特此一并致谢！最后，对曾经参与研究开发工作的宋臣声、陈昌益、吴双凤、霍汉德、曾开宇、余海陵、曾庆宇等所付出的辛勤劳动和所做出的贡献表示衷心感谢！

因作者理论水平和实践经验有限，书中难免有疏漏之处，诚请专家和读者批评指正，多提宝贵意见，我们将不胜感激。

曾骥良

2023 年 9 月

目　　录

序
第1章　绪论 ……………………………………………………………… 1
　1.1　合成宝石晶体水热法生长的意义 ………………………………… 1
　1.2　合成宝石晶体水热法生长的原理 ………………………………… 4
　1.3　合成宝石晶体水热法生长的分类 ………………………………… 5
　1.4　合成宝石晶体水热法生长的特点 ………………………………… 8
　1.5　合成宝石晶体水热法生长的发展简史 …………………………… 9
　1.6　合成宝石晶体水热法生长的发展趋势 …………………………… 14
　　参考文献 ………………………………………………………………… 16
第2章　合成宝石晶体水热法生长中的影响因素 ………………………… 19
　2.1　水的性质和作用 …………………………………………………… 19
　　2.1.1　水分子的结构特征、成键特征和水的优异性质 …………… 20
　　2.1.2　水在合成宝石晶体水热法生长中的重要作用 ……………… 21
　2.2　合成宝石晶体水热法生长中的热力学因素 …………………… 29
　　2.2.1　合成宝石晶体水热体系的相状态和包裹体判别 …………… 30
　　2.2.2　合成宝石晶体水热体系的 $p\text{-}V\text{-}T$ 特性 …………………… 34
　　2.2.3　合成宝石晶体在水热体系中的溶解度 ……………………… 37
　　2.2.4　合成宝石晶体在水热体系中的相平衡 ……………………… 52
　2.3　合成宝石晶体水热法生长中的动力学因素 …………………… 59
　　2.3.1　概述 ………………………………………………………… 59
　　2.3.2　过饱和度与晶体生长 ………………………………………… 60
　　2.3.3　籽晶选择与晶体生长 ………………………………………… 62
　　2.3.4　原料与晶体生长 ……………………………………………… 69
　　2.3.5　矿化剂与晶体生长 …………………………………………… 73
　　2.3.6　结晶温度及温差与晶体生长 ………………………………… 78
　　2.3.7　压力（或填充度）与晶体生长 ……………………………… 84
　　参考文献 ………………………………………………………………… 86
第3章　合成宝石晶体水热法生长的技术和工艺 ………………………… 89
　3.1　高压釜及其配套的温差井式电阻炉的设计制造 ……………… 89

　　　3.1.1　概述 ……………………………………………………………… 89

　　　3.1.2　Φ60 mm×1100 mm 型高压釜的设计制造 …………………… 91

　　　3.1.3　温差井式电阻炉的设计制造 …………………………………… 102

　　　3.1.4　专用设备的性能和效果 ………………………………………… 106

　3.2　测温控温技术的改进完善 ……………………………………………… 108

　　　3.2.1　概述 ……………………………………………………………… 108

　　　3.2.2　改进完善的技术措施 …………………………………………… 109

　3.3　溶解度测试技术 ………………………………………………………… 113

　　　3.3.1　测试前的准备 …………………………………………………… 113

　　　3.3.2　测试溶解度的技术细节 ………………………………………… 114

　3.4　挡板及其开孔率 ………………………………………………………… 116

　3.5　氧化-还原调控技术 …………………………………………………… 118

　　　3.5.1　概述 ……………………………………………………………… 118

　　　3.5.2　镍离子的价态及 Ni^{3+}/Ni^{2+} 量比的调节控制 ……………… 118

　　　3.5.3　铁离子的价态及 Fe^{2+}/Fe^{3+} 量比的调节控制 ……………… 119

　3.6　色彩混合技术 …………………………………………………………… 120

　　　3.6.1　概述 ……………………………………………………………… 120

　　　3.6.2　致色剂呈色效果及其色彩混合 ………………………………… 122

　3.7　体积测量技术 …………………………………………………………… 124

　3.8　合成宝石晶体水热法生长的工艺 ……………………………………… 125

　　　3.8.1　封装高压釜前的准备 …………………………………………… 125

　　　3.8.2　高压釜密封、晶体生长及其取出 ……………………………… 129

　参考文献 ……………………………………………………………………… 130

第 4 章　合成祖母绿晶体的水热法生长和宝石学特征 …………………… 131

　4.1　概述 ……………………………………………………………………… 131

　4.2　Tairus 水热法合成祖母绿晶体及其宝石学特征 ……………………… 133

　　　4.2.1　Tairus 合成祖母绿晶体的水热法生长 ………………………… 133

　　　4.2.2　Tairus 水热法合成祖母绿晶体的宝石学特征 ………………… 137

　4.3　桂林水热法合成祖母绿晶体及其宝石学特征 ………………………… 145

　　　4.3.1　桂林合成祖母绿晶体的水热法生长 …………………………… 145

　　　4.3.2　桂林水热法合成祖母绿晶体的宝石学特征 …………………… 146

　参考文献 ……………………………………………………………………… 158

第 5 章　合成彩色刚玉宝石晶体的水热法生长和宝石学特征 …………… 159

　5.1　概述 ……………………………………………………………………… 159

　5.2　天然及合成彩色刚玉宝石晶体的品种分类及其致色成因 ………… 160

5.3　Tairus 水热法合成彩色刚玉宝石晶体及其宝石学特征 ················· 162
　　5.3.1　Tairus 合成彩色刚玉宝石晶体的水热法生长 ················· 163
　　5.3.2　Tairus 水热法合成彩色刚玉宝石晶体的宝石学特征 ··········· 166
5.4　桂林水热法合成彩色刚玉宝石晶体及其宝石学特征 ············· 177
　　5.4.1　桂林合成彩色刚玉宝石晶体的水热法生长 ················· 177
　　5.4.2　桂林水热法合成彩色刚玉宝石晶体的宝石学特征 ············· 179
参考文献 ·· 189
附录　纯水的 p-V-T 表（Kennedy，1950） ················· 191

第1章　绪　论

1.1　合成宝石晶体水热法生长的意义

人工晶体包括人工功能晶体和人工宝石晶体等种类。人工功能晶体，是指采用熔体法、助熔剂法、溶液法、水热法和化学气相沉积法等人工方法合成出来的，具有光、电、声、磁、热、力等特殊物理效应的晶体材料。这些人工功能晶体包括半导体晶体、激光晶体、非线性光学晶体、闪烁晶体、压电晶体、光学晶体、电光晶体、磁光晶体和声光晶体等，它们被广泛地应用于光电子、激光、通信、能源和生物等高新技术领域，对高新技术的快速发展具有巨大的，甚至是决定性的影响和推动作用。人工宝石晶体则是一类非常重要的、与天然宝石晶体相对应的人工晶体，是采用人工晶体的生长方法和技术合成出的，用作首饰及装饰品的人工晶体材料。其中，水热法合成宝石晶体是专指采用水热法技术生长出来的、与天然宝石晶体相对应的块状单晶体，如水热法合成的祖母绿和海蓝宝石、红宝石和蓝宝石、水晶和紫晶等。合成宝石晶体主要用于珠宝首饰业，其饰品具有丰富和美化人们的物质生活、文化生活和精神生活等功能。本书主要阐述合成宝石晶体水热法生长的原理、方法、技术和工艺，以及水热法合成宝石晶体的宝石学特征和鉴定特征等。

从实际应用的角度考虑，合成宝石晶体水热法生长的意义主要体现在以下三个方面。

（1）合成宝石晶体及其饰品在珠宝首饰业的发展中越来越重要。早在 20 世纪 60 年代初全世界就掀起了"宝石热"浪潮，从此国际珠宝首饰业得到了迅速的发展，并逐步发展成为世界上产业规模较大、从业人员较多、对经济社会发展产生较大影响的行业之一。合成宝石晶体在国际珠宝首饰业的发展中起到了重要的作用，并越来越受到人们的重视和青睐，这是因为以下几点。

首先，在"天然宝石""优化宝石""合成宝石"这三类宝石资源中，"合成宝石"资源日趋重要。一方面，天然宝石资源是一种不可再生的矿产资源，不仅在自然界产出稀少，而且长期被开采利用，因而它们中的大多数品种已面临枯竭。其中，优质的天然名贵宝石（如钻石、红宝石、蓝宝石、祖母绿和猫眼等）更为稀少，质优粒大者更为罕见，有的甚至几乎绝迹，如产于克什米尔地区的名贵的"矢车菊"蓝宝石，20 世纪 90 年代初在国际珠宝市场上就已经绝迹了。另据资料统计，即使在产量最高的宝石矿山中，其可供利用的宝石数量仅占该矿床中宝石矿物总量的 5%左右，而优质宝石的数量则更少，仅占宝石矿物总量的0.25%左右。由此可见，天然宝石，尤其是天然名贵宝石非常稀少，弥足珍贵。另一方面，人类文明的进步，经济社会的发展，生活水平的提高，又使国际珠宝首饰的需求量年年增长。因此，优质天然宝石，特别是优质名贵宝石及其饰品在国际珠宝首饰市场的供需矛盾就日益突出，不仅价格很高［例如，一颗 2 ct（1 ct＝200 mg）重、优质的天然"鸽血红"红宝石刻面饰品近些年在国际珠宝首饰市场上的单价就超过 2 万美元/ct］，而且还年年上涨，其年上涨率为 5%～10%。

为应对国际珠宝首饰业所面临的天然宝石资源日益枯竭与宝石原料需求量日益增长供需矛盾的日益突出以及市场价格逐年上涨等挑战，增加宝石品种、开辟供应渠道和扩大供给量是必将采取的三项主要措施。对于"天然宝石"资源：在充分开发利用已知的天然宝石品种及宝石资源的同时，必须积极寻找、开发和利用新的天然宝石品种及新的宝石资源。对于"优化宝石"资源：大力研究、开发和应用人工优化处理技术，即采用珠宝行业普遍使用的、宝石学界认可的、广大消费者也接受的物理处理方法，如高温热处理或辐照处理等，将颜色不好的、透明度低的天然低档宝石改善成颜色漂亮的、透明度高的高档宝石，甚至将非宝石级的原石改变成可供利用的宝石级原料。因此，天然宝石的优化处理不仅极大地提高了它们的档次级别及经济价值，而且还相当大地扩大了宝石原料的供应来源。例如，全世界 80%～85%的天然蓝色蓝宝石晶体、75%～80%的天然红宝石晶体都是人工优化处理的产物。对于"合成宝石"资源：全面深入地研究开发、推广应用合成宝石晶体，以弥补与之对应的天然宝石资源的不足。在当今国际珠宝首饰业的快速发展中，"天然宝石""优化宝石""合成宝石"等三类宝石晶体都在发挥各自的作用，彼此不可取代，但可以互相弥补。另据报道，合成彩色宝石的世界年消费额占彩色宝石（包括天然和合成的彩色宝石）世界年消费额的 14%左右，且逐年增长。由此可见，合成宝石晶体，包括水热法合成宝石晶体将越来越重要。

其次，合成宝石晶体在缓解供需矛盾、促进市场繁荣的过程中起到不可替代的作用，这是因为：其一，合成宝石晶体，在化学组成、晶体结构、理化性质和宝石学特征等方面不仅与其对应的天然宝石晶体基本相同或非常相似，而且它们的花色品种更多，完美程度更好，化学纯度更高，晶体颜色更漂亮。而"相似性准则"对于合成宝石晶体是非常重要的，合成宝石晶体的化学成分、晶体结构、物理性质、化学性质和宝石学特征等越相似于天然宝石晶体，就越受到人们的喜爱，其价值也就越高。其二，合成宝石晶体在国际珠宝首饰市场上的价格一般只有对应的、同级别的天然宝石晶体价格的十分之几甚至几十分之几，因而它们不仅是对应的天然宝石的一种很好的补充品，而且物美价廉，越来越受到人们的喜爱。其三，珠宝首饰加工业已从手工加工业发展成现代制造业，因而不仅要求宝石晶体原料供应充足稳定，而且还要求它们的品种、形状、规格和大小等也充足稳定，以利于珠宝首饰的设计制造，而天然宝石几乎不可能满足这些要求。由此可见，合成宝石晶体在相当大的程度上缓解了国际珠宝首饰市场的供需矛盾，满足了珠宝首饰加工制作行业的需要，促进了市场的繁荣和发展，充分显示出它们的不可替代作用，同时也为合成宝石晶体自身的研究开发提供了宝贵的发展机遇及广阔的发展空间。

　　最后，珠宝消费观念的变化促进了合成宝石晶体需求量的增长。随着经济的发展，特别是在经济发达的国家和地区，人们的珠宝首饰消费观念已发生了深刻的变化。其中，追求宝石的文化品位及首饰的时尚款式就是这一深刻变化的主要特征。除收藏者外，人们已不再把珠宝首饰当作财富保值和增值以及展现身份地位的一种载体，而主要是把它们当作丰富和美化精神生活和文化生活的物品，因而也就不再刻意地去考虑宝石究竟是天然产出的，还是人工合成的。例如，当今畅销的珍珠饰品，大多数消费者已不再过多地考虑它们到底是天然产出的还是人工养殖的，而主要考虑它们是海水养殖的，还是淡水养殖的，以及它们的质量、大小、等级和价格等。也就是说，在大体相同的文化背景下，消费者对珠宝首饰的考虑也同其他商品一样，主要看它们的性价比。显然，这是珠宝首饰消费观念发展的必然趋势，也是珠宝首饰消费趋于成熟的标志。因此，随着人们的珠宝消费观念的变化，国际珠宝首饰市场对合成宝石晶体，特别是水热法合成宝石晶体的需求量逐年增长，其年递增率为5%左右。

　　（2）合成宝石晶体水热法生长的研究成果在天然宝石矿床的研究开发中将越来越重要。如上所述，水热法合成宝石晶体与其对应的天然宝石晶体在物理性质、化学性质和宝石学特征等方面都极为相似，同时它们在生长环境和生长机制等方面也很相似。因此，人们不仅能够在一定的范围内和相当大的程度上通过实验来模拟或再现天然宝石晶体的生长，而且还能够根据实验资料来查明天然宝石晶体的生长条件和生长机制，从而阐明其成因，这对深入研究天然宝石矿床的成矿条件、成矿规律和成因机制以及勘查和利用等都具有十分重要的理论意义和实际意义。例如，仲维卓（1994）利用水热法生长人工水晶的实验资料及其晶体的结晶习性、表面微形貌以及晶体缺陷的分布规律等来深入研究和阐明优质天然水晶矿床形成时的物理化学条件及其生长机制和成因机制，迄今已取得了比较好的应用效果，积累了比较丰富的实践经验。可以相信，今后水热法合成宝石晶体的实验研究与其对应的天然宝石矿床的地质研究之间必将更加有机地、紧密地结合起来，相互促进、共同发展。

　　（3）人工功能晶体是发展高新科学技术及其产业的关键材料。水热法是生长高质量、大尺寸人工功能晶体的一种非常重要的、行之有效的方法，甚至是某些人工功能晶体生长的唯一方法,如人工水晶(SiO$_2$)等;或是诸多方法中更好的方法,如磷酸氧钛钾(KTP)等。已开发应用的人工功能晶体中,人工水晶是一种非常重要的、性能优异的压电晶体和光学晶体,人工水晶工业及其相关产业目前已成为世界上发展快、规模大、应用广、效益高的产业之一,而彩色水晶则是重要的水热法合成彩色宝石晶体之一。毫无疑问,水热法合成宝石晶体的研究开发成果,如新的生长方法、新的生长技术和新的生长工艺以及新的专用仪器设备等均可供人工功能晶体的水热法生长借鉴,因而也将在相当大的程度上推动其发展。

综上所述,合成宝石晶体水热法生长的研究和开发成果对珠宝首饰产业的快速发展、天然宝石矿床的研究开发、人工功能晶体的生长应用等都具有十分重要的意义。

1.2　合成宝石晶体水热法生长的原理

所谓晶体水热法生长就是在高温高压的条件下,将常温常压下不溶或难溶于水的物质溶解或通过水热反应生成该物质的溶解产物,在高温高压的水溶液中形成饱和溶液,再通过技术措施(如升高或降低温度、设置温差等)使饱和溶液达到一定的过饱和度而进行结晶的晶体生长方法。通常为增大物质的溶解度,会在水溶液中加入一定量的酸、碱、盐等形成所谓的矿化剂溶液。这样,合成宝石晶体水热法生长的过程就可以表述为:将合成宝石晶体所需要的原料溶解在高温高压下的矿化剂溶液中形成饱和溶液,通过采取适当的技术措施将此饱和溶液转变为过饱和溶液,于是溶质便从过饱和溶液中结晶析出,并逐渐长大最终形成可供利用的块状宝石晶体。

实际上,晶体的水热法生长与溶液的过饱和程度有密切关系。溶解度-温度曲线表示的是溶解度随温度变化的情况,如图 1.1 中 S 线所示。溶解度一般随着温度的升高而升高,但也有少部分物质的溶解度会随着温度的升高而降低。溶解度温度曲线也表示了溶液此时的状态是饱和溶液,溶解度-温度曲线下方的区域则表示溶液的状态是不饱和溶液(稳定区),如图 1.1 中 A 所示。而溶解度-温度曲线上方的区域则表示溶液的状态是过饱和溶液(包括亚稳区和不稳区),如图 1.1 中 B、C 和 D 所示。

当溶液状态进入过饱和的不稳区时,应当结晶析出固相物质,但实际上溶液常常不析出晶体,这样的溶液被称为过饱和溶液。溶液都有不同程度的过饱和现象,这是溶液法和水热法等生长晶体的前提条件,也是晶体生长的驱动力。过饱和状态是不稳定的,而且整个过饱和区的不稳定程度也不一样。溶液状态越靠近溶解度-温度曲线的就越为稳定,越远则越不稳定。在靠近溶解度-温度曲线上方附近通常存在着亚稳区，还可进一步将亚稳区划分成第一亚稳区（图 1.1 中 B 所示，也被称为第一过饱和区）和第二亚稳区（图 1.1 中 C 所示，也被称为第二过饱和区）。

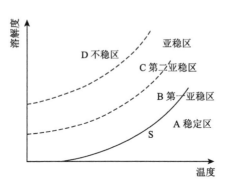

图 1.1　溶解度-温度曲线示意图

在 A 区，即使有晶体存在也会自动溶解。

在 B 区，不会自发成核析出晶体。当加入结晶颗粒时，结晶颗粒会长大，但不会产生新的晶核。这种加入的结晶颗粒被称为籽晶、种子或晶种等。

在 C 区，也不会自发成核，但加入籽晶后在籽晶生长的同时也会有新的晶核产生。产生的新晶核会跟籽晶争夺原料，使晶体难以长大并破坏晶体的质量。

在 D 区，是自发成核区域，瞬时会出现大量自发成核的微小晶核，发生晶核泛滥，晶体生长难以控制。

因此应用水热法合成宝石晶体应尽量将水热溶液的过饱和度控制在第一亚稳区，并通过加入籽晶来促进结晶析出并限制自发成核，以保证晶体的质量和晶体的尺寸。

1.3　合成宝石晶体水热法生长的分类

由于溶液的过饱和度是晶体水热法生长的前提和驱动力，根据高温高压下的饱和溶液进入过饱和状态而析出溶质结晶的方式，可将水热法分为以下几种。

1. 降温水热法

针对具有较大的正溶解度温度系数的晶体，通过使饱和溶液缓慢降温来变成过饱和溶液，并使晶体结晶生长。降温水热法因受到溶解度温度系数的大小及其降温范围宽窄等条件的限制，生长大尺寸的晶体需要经过多次降温过程，故工艺流程较复杂，晶体的质量和尺寸也会受到很大限制，因此该法不适于生长大尺寸高质量的晶体。

2. 升温水热法

与降温水热法相反，升温水热法是针对具有负溶解度温度系数的晶体所采用的方法，也不适用于生长大尺寸高质量的晶体。

3. 等温水热法

该方法是基于待生长晶体与原料（一般为非晶质粉末原料）之间的溶解度差别而获得过饱和度的。随着晶体生长过程的进行，所用原料将逐渐转变成与待生长晶体同结构、同成分的固体晶相，即所谓的"同晶化"现象，两者的溶解度差别也将逐渐缩小而使晶体的生长速度也随之降低并渐趋于零，即"生长饱和"现象。因此等温水热法也不适于大尺寸晶体的生长。

4. 温差水热法

该方法是目前最常用、最有效的生长大尺寸晶体的方法，也是本书重点介绍的方法，图 1.2 是其示意图。它是在高压釜内设置 2 个不同温度的区域，分别放置原料和籽晶。对于具有正溶解度温度系数的晶体，原料放置在热区，籽晶放置在冷区，而负溶解度温度系数的则相反。这 2 个区域的溶液由于温度不同而有浓度差，温差和浓度差会使 2 个区域的溶液产生对流，浓度高的饱和溶液流到浓度低的区域时便形成了过饱和溶液，从而析出溶质使晶体长大。要注意的是温差水热法只有在晶体的溶解度随温度变化显著时才有效。

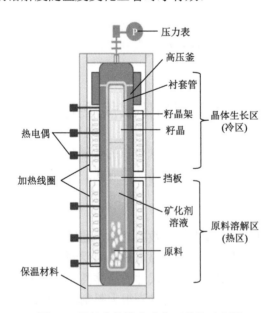

图 1.2　温差水热法合成宝石晶体示意图

温差水热法还包括下列一些亚类。

（1）分隔原料法。分隔原料法是温差水热法的一种亚类，主要用于包含两种及两种以上组元的复杂化合物的晶体生长。该方法是把原料的初始组元分置于高压釜内分隔开的区域，底部通常放置易溶易输运的组元，顶部放置难溶组元。底部和顶部的原料组元溶解后由对流分别向上和向下输运，并在高压釜的中部（放置有籽晶片）相遇而发生反应并形成所需要的晶体结晶基元，从而导致晶体长大。本书第 4 章中介绍的桂林水热法合成祖母绿采用的就是这种方法。

（2）倾斜高压釜法。该方法主要用于水热条件下制备外延单晶薄膜。此方法中，在溶液达到生长温度之前，籽晶必须处在气相中。溶液达到生长温度并进入饱和状态后，高压釜开始倾斜，溶液与籽晶开始接触，薄膜开始生长。该方法主要是为了避免籽晶在升温过程中受到溶液的溶蚀。

下面，将以合成彩色刚玉宝石晶体的水热法生长为例，对温差水热法的原理进行具体说明，以便更全面、更深刻地理解和掌握上述基本生长原理。从图 1.2 中可以看到，水热法合成彩色刚玉宝石晶体是在一台特制的、能够承受高温和高压的高压釜中进行的。为保证高温高压下的矿化剂溶液不对高压釜造成腐蚀，同时也为避免高压釜釜壁受到腐蚀后脱落下的杂质对晶体的生长造成干扰，通常使用衬套管将生长体系与高压釜隔绝开来，本示例中使用的是"悬浮式"黄金衬套管。

在晶体温差水热法生长中，将待生长晶体所需的原料置入黄金衬套管的下部温度较高的区域（原料溶解区）；籽晶片被悬挂在该黄金衬套管的上部温度较低区域（晶体生长区）。此外，还需要根据所设定的温度（T）、压力（p）和矿化剂溶液填充度（f）三者之间的函数关系，在黄金衬套管里加入一定体积的矿化剂溶液。然后将黄金衬套管的管口焊接密封好，这样就在衬套管里构成了一个封闭的合成彩色刚玉宝石晶体的水热溶解-结晶体系，再将其置入高压釜的反应腔里。为防止黄金衬套管在加热升温过程中因内外压力不平衡而变形或破裂，还需在黄金衬套管外的高压釜反应腔里加入一定体积的去离子蒸馏水，使黄金衬套管内外的压力平衡。当水热溶解-结晶体系中的温度达到了所设定的温度时，压力也就同步地到达了所设定的压力。由于在黄金衬套管里存在正温差（$\Delta T = T_{溶解} - T_{结晶} > 0$），故矿化剂溶液会产生上下对流，下部较高温度区域所形成的饱和溶液被输运到上部较低温度区域而转变成过饱和溶液，溶质从过饱和溶液中析出并在籽晶片上结晶生长。上部冷却后并结晶析出部分溶质的溶液又流向温度较高的下部，再次溶解原料形成饱和溶液，该饱和溶液又通过对流被输运到温度较低的上部，并再次转变成过饱和溶液，晶体便在籽晶片上不断结晶生长。由此可见，合成彩色刚玉宝石晶体就是在上述这种水热溶解-结晶体系中，在适宜的物理化学条件下和在"溶解—输运（对流）—结晶"的周而复始的循环过程中不断地结晶生长，最终长大成可供应用的体单晶。

从上述基本原理和具体说明中不难看出，在合成宝石晶体的水热法生长过程中，原料的溶解机制、溶液的输运机制、热量的传输机制、溶质的过饱和机制和晶体的生长机制、生长条件和生长技术等，在晶体生长的整个过程中起着至关重要的作用，并控制着合成宝石晶体水热法生长的整个过程，也就是"溶解—输运（对流）—结晶"过程。如果从合成宝石晶体水热法生长的实际工作出发，那么性能优异的高压釜及其配套的温差井式电阻炉以及高精确度、高灵敏度的自动控温系统等专用仪器设备就是合成宝石晶体水热法生长的必要条件，再加上适宜而又相互匹配的物理化学条件及其有效的调控技术和完善成熟的生长工艺就构成了合成宝石晶体水热法生长的充分条件，它们共同决定了合成宝石晶体的生长过程、晶体质量的优劣、生长速度的快慢、晶体尺寸的大小、单炉产量的高低和经济效益的好坏等，正是因为它们有着如此重要的作用，故在后面的相关章节中将分别对它们进行比较详细的论述，此处就不赘述了。

1.4 合成宝石晶体水热法生长的特点

一般来说，合成宝石晶体的水热法生长具有以下几个鲜明的特点。

（1）自然界热液成矿就是在一定的温度和压力下，成矿热液中的成矿物质从溶液中析出的过程，这也就是一些天然宝石晶体形成的过程。水热法正是模拟自然界热液成矿过程中天然宝石晶体的形成过程，因此水热法合成的宝石晶体具有与天然宝石晶体十分相近的宝石学特征，特别是气液两相包裹体的特征与天然宝石晶体几乎一样，单凭肉眼或简单的技术鉴定手段很难将内部洁净的水热法合成宝石与天然宝石完全区分开。这是其他方法合成的宝石晶体所不具有的特点。

（2）水热法的晶体生长温度较助熔剂法、熔体法等其他方法低得多，因此它可以生长高温下存在相变的宝石晶体，如水晶、彩色水晶、碧玺等，这也是目前其他晶体生长方法无能为力的。此外它也可以生长接近熔点时蒸气压很高的材料（如 ZnO 等）或是要分解的材料（如 KTP 等）。

（3）高压釜中的晶体生长区基本上处在恒温和等浓度状态，再加上水溶液的黏度低，属稀薄相，有利于杂质排除。因此生长出来的晶体热应力小、缺陷少、均匀性与纯度高，易形成较完美的优质大晶体。

（4）合成宝石晶体水热法生长是在封闭的体系中进行的，不仅生长过程无排放，对环境友好，而且还可以很方便地调控体系的氧化-还原环境，如可生长出分别由 Ni^{2+} 和 Ni^{3+} 掺质致色的蓝色蓝宝石和黄色蓝宝石。此外在生长功能晶体时也有利于抑制材料中的氧空位生成，如 KTP、ZnO 等。

当然水热法也有其不足之处，包括以下几点。

（1）晶体生长过程无法观察，技术复杂，生长周期长，成本较高。

（2）受到材料比较特殊的高压釜及其加工制造技术的制约，对材料耐高温、耐高压及防腐蚀性能要求非常苛刻，不利于推广应用。

（3）晶体生长过程处于高温高压的环境中，有一定的安全风险。

1.5 合成宝石晶体水热法生长的发展简史

"水热法（hydrothermal method）"一词最早由英国学者 Sir Roderick Murchison 在 19 世纪中叶提出，用来描述水在高温高压下引起地壳变化并导致各种岩石和矿物形成的作用。地质学家早期开展水热技术研究是为了模拟地壳下的自然条件来了解岩石和矿物的成因。

1845 年，第一篇关于水热法研究的论文发表，报道了 Schafthaul（1845）合成出微小的石英晶体。1880 年，英国化学家 Hannay（1880）声称通过水热法技术合成了"钻石"，但 1943 年大英博物馆将其保存的 Hannay 所合成的 12 粒"钻石"拿来检验，发现不具有钻石的特征，深入分析之后发现其更像是一种矽化合物。

由于当时缺乏先进的电子显微技术来观察小尺寸的合成产物，也没有任何 X 射线数据，19 世纪 40 年代至 20 世纪初进行的大多数早期水热法实验被当作是失败的而被放弃了。直到 1900 年，意大利人 Spezia（1900）用 6 个月的时间在天然籽晶上生长了 5 mm 的较大尺寸人工水晶，这被公认为是水热法历史上划时代的成就，他在水热法研究领域的贡献至今仍被人们铭记。

第二次世界大战期间巴西对高纯压电水晶这一在无线电通信领域具有重要战略地位的物质实施禁运时，许多国家，如美国、英国、德国和苏联，开始了大尺寸水晶的水热法生长研究。德国人 Nacken（1946）、美国人 Buehler 等（1949）率先分别合成出了英寸级的大尺寸水热法水晶，奠定了工业化水热法合成水晶的基础，图 1.3a 是 20 世纪 70 年代美国贝尔（Bell）实验室的水晶生产场景。如今水晶已发展成为一个规模庞大的产业，日本、中国、俄罗斯、美国和韩国等是主要生产国。日本是现在世界上最大的水晶生产国，拥有最大的高压釜，单炉产量达到 4000～5000 kg，占据全球市场份额一半以上。图 1.3b 是日本东洋公司全球最大高压釜的生产场景（Byrappa et al.，2013）。

自 Spezia 开创水热法合成水晶以来，水晶在工业上已大规模生产，大多数合成水晶都是无色的，用作压电振荡器、光学窗口材料等，仅 2%左右用于珠宝装饰。在压电水晶快速发展的同时，也促进了彩色水晶的发展，各种颜色的彩色水晶如雨后春笋般地涌现。

1958 年，Cohen 和 Hodge 通过辐照掺铝的水热法合成水晶，得到了烟熏色的水晶（Cohen et al.，1958）。

1959 年，紫色水晶首先由 Tsinober 和 Chentsova 生长出来，他们通过辐照掺铁的水晶得到了紫色的水晶（Tsinober et al.，1959）。

1961 年 Ballman 生长出了黄色、玫瑰色和绿色的水晶（Ballman，1961）。

1965 年 Kunitomi 等生长出了棕色的水晶（Kunitomi et al.，1965）。

1966 年美国西部电子公司发现在合成水晶时掺入钴离子可使晶体变蓝色（Wood et al.，1966）。

1986 年 Balitsky 和 Balitskaya 合成了具有紫水晶和黄水晶颜色的双色水晶（图 1.4e，Balitsky et al.，1986，1999a）。

1992 年 Balitsky 等还合成了玫瑰色的水晶这一天然水晶中极稀缺的品种（图 1.4f，Balitsky et al.，1999b）。

(a)   (b)

图 1.3　水热法水晶的工业化生产（Byrappa et al.，2013）

如今彩色水晶已经进入珠宝市场，在中国、日本、美国和俄罗斯等都有很多厂家大量生产各种色彩的水晶（图 1.4），极大地丰富了人们的精神生活、物质生活和文化生活。

水热法生长刚玉宝石晶体的历史始于 60 多年前，当时 Laudise 等（1958）生长了第一颗块状的无色蓝宝石。他们的技术经过改进后，也可以用来生长红宝石（Kuznetsov et al.，1967）。但很长的一段时期里，水热法生长的刚玉宝石晶体并没有进入珠宝市场。

直到 1991 年俄罗斯生产的水热法红宝石才首次出现在国际珠宝市场（Peretti

et al.，1993，1994）。随后，1995 年，新西伯利亚的 Tairus 公司生产的黄色、橙色、蓝绿色和蓝色合成蓝宝石（图 1.5）问世（Thomas et al.，1997，Schmetzer et al.，1999）。第二个进入珠宝市场的水热法合成彩色刚玉宝石晶体是本书作者曾骥良教授所带领的团队于 20 世纪 90 年代末研发成功的（张昌龙等，2000；陈振强等，2002），包括红宝石、蓝色蓝宝石、黄色蓝宝石等（图片见第 5 章）。

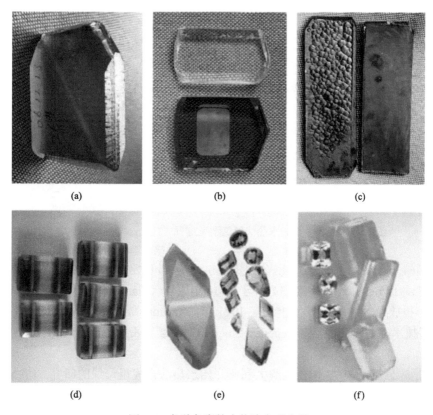

图 1.4　各种色彩的水热法合成水晶

　　尽管早在 1848 年 Ebelmen 就通过冷却加入了祖母绿粉末的熔融硼酸盐合成出了非常小的棱柱状祖母绿晶体（Nassau，1976），但水热法合成祖母绿的起步则要晚得多，这也是受到水热法技术的限制。直到 1957 年 Von Valkenburg 等（1957）和 Wyart 等（1957）才分别用水热法合成出小尺寸的绿柱石晶体，这被认为是水热法合成祖母绿的开端。有传闻 Nacken 在 20 世纪 30 年代就用水热法合成了祖母绿，但 Nassau（1976）经过深入调查后认定 Nacken 合成的其实是助熔剂法祖母绿。

　　珠宝市场出现的第一个商品级的水热法合成宝石，也是第二个进入市场的人工合成宝石（第一个是焰熔法的红宝石）是由奥地利人 Lechleitner 生长的祖母绿。他于 1959 年开始研究，1960 年就为珠宝市场带来了"夹心饼干型"的水热法祖母绿（Anderson，1971）。他用刻面的绿柱石作为种子，在其表面生长出一层薄薄的水热法祖母绿（图 1.6a，Schmetzer et al.，1981），在 20 世纪 60～70 年代以"Emerita"和"Symerald"的商品名进行销售。

图 1.5　Tairus 生长的水热法彩色刚玉宝石（Thomas et al.，1997）

1961 年，美国联合碳化物公司的 Linde 分部开始研究水热法合成祖母绿（图 1.6b，Byrappa et al.，2013）并于 1964 年成功（Flanigen et al.，1967）。它于 1965 年投放市场，但 1970 年停产。1971 年，Vacuum Ventures 公司从 Linde 分部购买了技术，并以商品名"Regency Emerald"继续生长水热法祖母绿（Nassau，1976）。

Biron 公司于 1977 年在西澳大利亚开始水热法合成祖母绿的研究，1985 年开始通过珀斯宝玉石中心（Perth Lapidary Center）以"Biron"为商品名出售水热法祖母绿（图 1.6c，Kane et al.，1985）。

苏联于 1965 年开始有多个团队研究水热法合成祖母绿，在 20 世纪 80 年代已有小批量的产品通过各种途径进入市场。其中由 Alexander Lebedev 领导的团队于 1989 年与泰国 Pinky Trading（Thailand）公司成立了合资企业 Tairus 公司，如今 Tairus 公司已成为世界上最大的水热法宝石晶体供应商，其主打产品就是水热法祖母绿（图 1.6d，Koivula et al.，1996）。

1993 年，曾骧良教授团队研发的水热法祖母绿（曾骧良等，1990）推向珠宝市场，并以"GJL-Emerald"的商品名进行销售（Schmetzer et al.，1997）。随后又于 2000 年左右推出了另一种新型的水热法祖母绿（Chen et al.，2001）。

2005 年，一种技术源自意大利、由捷克 Malossi 公司生产的水热法祖母绿

（图 1.6e）新出现在国际珠宝市场上，宝石学特征与之前各国的水热法祖母绿基本相同（Adamo et al.，2005）。

20 世纪 80 年代苏联还研发了一些水热法合成的海蓝宝石（Schmetzer，1990）、红色绿柱石（图 1.7a，Shigley et al.，2001）和蓝色绿柱石（图 1.7b，Adamo et al.，2008）等彩色绿柱石宝石，并于 20 世纪 90 年代投放珠宝市场（Renfro et al.，2010）。

(a)　　　　(b)

(c)　　　　(d)　　　　(e)

图 1.6　水热法合成祖母绿

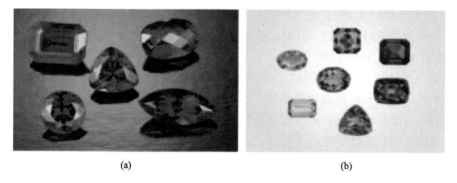

(a)　　　　(b)

图 1.7　水热法合成的红色绿柱石和蓝色绿柱石

1.6　合成宝石晶体水热法生长的发展趋势

自 19 世纪 40 年代提出"水热法"一词到 20 世纪 20 年代，总体来说"水热法"一直是地质学范畴的事情。然而第二次世界大战期间以及战后对压电水晶的需求极大地促进了水热法在合成大尺寸晶体这一领域的发展，20 世纪 30～60 年代被称为水热法合成晶体的"黄金时期"，各国的实验室都特别重视，仅苏联这一领域的高级研究人员就超过 1000 人。这一时期除了水晶的工业化生产获得了极大的成功以外，研究人员还利用水热法对光电子、铁磁、激光、压电和铁电等化合物进行了探索和生长，涵盖从天然元素到复杂的氧化物、氢氧化物、硅酸盐、锗酸盐、磷酸盐、氮化物等几百个品种，其中就包括今天在珠宝市场上深受青睐的祖母绿、彩色水晶、彩色刚玉等水热法合成宝石，也就是说水热法合成宝石晶体的研究和技术基础都是在这个时期打下的，尽管当时研究它们的初衷并不是为了获取人造宝石，而是因为水晶是压电材料，红宝石和祖母绿在当时都被认为是可用作激光介质的潜在材料。

到了 20 世纪 70 年代末，总的来说水热法领域的研究呈下降趋势，原因有两个：一方面没有进一步研究更大尺寸水晶生长的必要，现有的研究成果已经足够了；另一方面在 20 世纪六七十年代，大规模的尝试生长更大尺寸的其他化合物晶体的实验都失败了。人们一致认为水热法不适合压电水晶以外的大晶体生长（Byrappa et al.，2013）。

第二次世界大战后，特别是 20 世纪 80 年代是一个充满希望和生机的时代，全球经济高速增长，刺激了人们对珠宝的追求，这也给人工合成宝石晶体带来了机会。也就是在 20 世纪 80 年代，水热法合成宝石晶体才开始大规模地进入珠宝市场，即便是像合成紫水晶这样技术早已成熟、产量以吨为单位的品种也是 80 年代才进入市场。也就是从这时候开始，美国宝石研究院（GIA）以"SYNTHETIC GEM MATERIALS IN THE XXXXs"为题，每隔十年对人造珠宝的现状和趋势进行一次综合报道和评述，开篇之作即为 Nassau（1990）的"SYNTHETIC GEM MATERIALS IN THE 1980s"。

这些水热法合成宝石晶体当中，祖母绿被认为是最为成功的，这是因为：①自然界中的优质祖母绿非常稀缺，不像紫水晶等自然界有大量产出。物以稀为贵，所以合成祖母绿可以获得较高的经济回报。②水热法合成祖母绿无论是颜色上还是内在的包裹体等宝石学特征，都可以把天然顶级的哥伦比亚祖母绿模拟得惟妙惟肖，这是助熔剂法合成的祖母绿所做不到的。助熔剂法合成的祖母绿通常含有助熔剂残留物的包裹体，宝石鉴定师凭借这点就很容易把它与天然产出的祖母绿区分开来。至于水热法合成的彩色刚玉宝石，严格来说算不上特别成功，因为无论是俄罗斯还是本书作者所合成的水热法红宝石，从颜色上来说都没有模仿出天然"鸽血红"的色调；另外蓝色蓝宝石也是通过掺 Ni^{2+} 获得，而真正宝石学定义上由 Fe^{2+}-Ti^{4+} 致色并且颜色均匀的蓝色蓝宝石至今仍然没有能够合成出来，这是今后水热法合成彩色刚玉宝石晶体时需要着重解决的问题。

与水热法合成功能晶体的命运一样，水热法合成宝石晶体的发展现在也是跌入低谷，这也可从上一小节的发展简史中看出，虽然水热法合成的祖母绿、彩色刚玉宝石、彩色水晶等现在仍然是珠宝市场上的畅销产品，深受消费者的喜爱，但进入 21 世纪后水热法珠宝市场上也仅仅是多了 Malossi 一家供应商，品种也还是祖母绿，没有任何新的水热法品种出现在珠宝市场上（Renfro et al.，2010）。

然而科学技术总是向前发展的，水热法这一古老的技术在用现代化的智能技术、原位检测技术，以及更大的尺寸、能承受更高温度和压力的新型高压釜重新武装后，在新的历史时期又重新焕发了活力。例如，1977 年在加拉帕戈斯发现了深海热液活动，以及其他许多对海洋化学和地球化学具有重大意义的壮观海底热液系统，这一新发现引发了海洋生物学、地球化学和经济地质学的新思维，并产生了一个全新的术语——热液生态系统，这正是人们探索生命起源的起点，人们认为地球上的首个蛋白质就是在这样的环境中产生的。这些生态系统也可以作为火星上可能存在生命起源的一种模拟，因为火星上可能曾经存在或仍然存在类似的环境。

1971 年法国化学家引入了"溶剂热"这一术语。所谓溶剂热，是指密闭体系如高压釜内，以有机物或非水溶剂为矿化剂，在一定的温度和压力下，对原始混合物进行反应的一种合成方法。它与水热法的不同之处仅在于所使用的溶剂不是水。根据所使用的溶剂不同，又可细分成醇热法、酮热法、碳热法、氨热法、金属热法等，它们和水热法一起组成了现代热液法，并在现代科学技术中发挥了重要的作用，例如：从 20 世纪 70 年代开始现代热液法技术应用到陶瓷、纳米材料的合成；20 世纪 90 年代在环保工程上用于有毒物质的分解和降解处理；在化学工业上用来取代通常用于化学合成的有毒溶剂；等等。进入 21 世纪后又在水热法合成 KTP 电光晶体、水热法合成稀土氧化物晶体、氨热法合成氮化镓晶体等具有重要应用前景的大尺寸功能晶体方面发挥了决定性的作用。由于这些内容超出了本书讨论的范围，感兴趣的读者可自行查阅相关文献资料。

在本小节的最后，作者认为讨论一下热液法合成钻石是有必要的。毫无疑问，合成宝石晶体未来的发展将继续聚焦在最具商业价值的宝石上：钻石、祖母绿、红宝石和蓝宝石等。其中人工合成钻石是最为诱人的，从近十年已发表的文献总量中可以清楚地看出，最重要的发展和大多数研究的重点都涉及宝石级的合成钻石，现在的主要方法是化学气相沉积法（CVD）和高温高压法（HTHP）。

　　自从 1955 年美国 GE 公司用高温高压法合成出钻石以来，人们便相信只有在高温高压下才能合成出钻石，但仍有科学家坚持认为一些地质证据表明钻石是有可能在水热环境下生成的（DeVries et al.，1994）。Szymanski 等（1995）在 170 MPa 和 400℃下用 21 天的时间，在天然钻石晶体的（111）面上获得了一层不规则的、厚度为 15 μm 的无色钻石薄膜（图 1.8）。1998 年李亚栋等报道了用熔融的金属 Na 作溶剂和还原剂、Co-Ni 合金作催化剂，在 700℃下还原 CCl₄ 得到金刚石粉末（Li et al.，1998）。这表明钻石是可以在较低的温度和压力下通过热液法合成的，并且可能成为一种在籽晶上连续生长大尺寸钻石的有效方法。假以时日，随着科学技术的发展，用现代智能技术重新武装的水热法和新生的热液法也有可能生长出宝石级的钻石来。

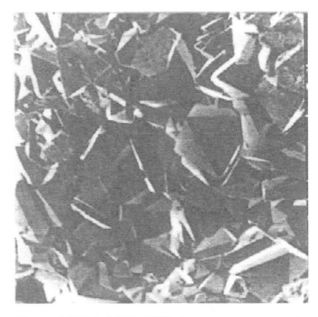

图 1.8　水热法合成的钻石薄膜（Szymanski et al.，1995）

参 考 文 献

陈振强，曾骥良，张昌龙，等，2002. 彩色刚玉多单晶体的梯形水热生长[J]. 人工晶体学报，31（1）：18-21.

曾骥良，陈昌益，宋臣声，1990. 祖母绿合成工艺的试验研究[J]. 珠宝，Z1：56-57.

张昌龙，周卫宁，霍汉德，等，2000. 水热法合成红宝石晶体的实验研究[J]. 材料科学与工程学报，z1：331-334.

仲维卓，1994. 人工水晶[M]. 2 版. 北京：科学出版社.

Adamo I，Pavese A，Prosperi L，et al.，2005. Characterization of the new Malossi hydrothermal synthetic emerald[J]. Journal of Gems & Gemology，41（4）：328-338.

Adamo I，Pavese A，Prosperi L，et al.，2008. Aquamarine，maxixe-type beryl，and hydrothermal synthetic blue beryl:

Analysis and identification[J]. Journal of Gems & Gemology，44（3）：214-226.

Anderson B W，1971. Gem Testing [M]. 8th ed. London：Butterworths.

Balitsky V S，Balitskaya O V，1986. The amethyst-citrine dichromatism in quartz and its origin[J]. Physics and Chemistry of Minerals，13（6）：415-421.

Balitsky V S，Lu T J，Rossman G R，et al.，1999a. Russian synthetic ametrine[J]. Journal of Gems & Gemology，35（2）：122-134.

Balitsky V S，Makhina I B，Prygov V I，et al.，1999b. Russian synthetic pink quartz[J]. Journal of Gems & Gemology，34（1），34-43.

Ballman A A，1961. The growth and properties of colored quartz[J]. American Mineralogist，46（3-4 part1）：439-446.

Buehler E，Walker A C，1949. Growing quartz crystals[J]. Scientific Monthly，69（3）：148-155

Byrappa K，Yoshimura M，2013. Handbook of Hydrothermal Technology [M]. 2nd ed. Amsterdam：Elsevier Inc.

Chen Z Q，Zeng J L，Cai K Q，et al.，2001. Characterization of a new Chinese hydrothermally grown emerald[J]. Australian Gemmologist，21（2）：62-66.

Cohen A J，Hodge E S，1958. Zonal specificity and nonspecificity of certain impurities during growth of synthetic α-quartz[J]. Journal of Physics & Chemistry of Solids，7（4）：361-362.

DeVries R C，Roy R，Somiya S，et al.，1994. A review of liquid phase systems pertinent to diamond synthesis[J]. Superconductors，Surfaces and Superlattices，19B：641-666.

Flanigen E M，Breck D W，Mumbach N R，et al.，1967. Characteristics of synthetic emeralds[J]. The American Mineralogist，52：744-772.

Hannay J B，1880. On the artificial formation of the diamond，proceedings of the royal society[J]. Scientific American，30（200）：178-189.

Kane R E，Liddicoat R T，1985. The Biron hydrothermal synthetic emerald[J]. Journal of Gems & Gemology，21（3）：156-170.

Koivula J I，Kammerling R C，Deghionno D，et al.，1996. Gemological investigation of a new type of Russian hydrothermal synthetic emerald[J]. Journal of Gems & Gemology，32（1）：32-39.

Kunitomi M，Kunugi T，Yamada K，1965. Synthesis of colored quartz[J]. Kogyo Kagaku Zasshi，68：1862-1865.

Kuznetsov V A，Shternberg A A，1967. Crystallization of ruby under hydrothermal conditions[J]. Soviet Physics Crystallography，12（2）：280-285.

Laudise R A，Ballman A A，1958. Hydrothermal synthesis of sapphire[J]. Journal of the American Chemical Society，80（11）：2655-2657.

Li Y D，Qian Y T，Liao H W，et al.，1998. A reduction-pyrolysis-catalysis synthesis of diamond[J]. Science，281（5374）：246-247.

Nacken R，1946. Artificial quartz crystals，etc. [R]. US Office of Technical Services Report，PB-18-748 and 28-897.

Nassau K，1976. Synthetic emerald：The confusing history and the current technologies[J]. Journal of Crystal Growth，35：211-222.

Nassau K，1990. Synthetic gem materials in the 1980s[J]. Journal of Gems & Gemology，26（1）：50-63.

Peretti H A，Smith C P，1993. A new type of synthetic ruby on the market：Offered as hydrothermal rubies from Novosibirsk[J]. Australian Gemmologist，18（5）：149-157.

Peretti H A，Smith C P，1994. Letters to the editor[J]. Journal of Gemmology，24（1）：61-63.

Renfro N，Koivula J I，Wang W Y，et al.，2010. Synthetic gem materials in the 2000s：A decade in review[J]. Journal of Gems & Gemology，46（4）：260-273.

Schafthaul K F E, 1845. Die neuesten geologischen hypothesen und ihr verhältniß zur naturwissentschaft über haupt[J]. Gelehrte Anzeigen Bayer Akad, 20 (557): 557-594.

Schmetzer K, 1990. Hydrothermally grown synthetic aquamarine manufactured in Novosibirsk, USSR[J]. Journal of Gems & Gemology, 26 (3): 206-211.

Schmetzer K, Bank H, Stahle V, 1981. The chromium content of Lechleitner synthetic emerald overgrowth[J]. Journal of Gems & Gemology, 17 (2): 98-100.

Schmetzer K, Kiefert L, Bernhardt H J, et al., 1997. Characterization of Chinese hydrothermal synthetic emerald[J]. Journal of Gems & Gemology, 33 (4): 276-291.

Schmetzer K, Peretti A, 1999. Some diagnostic features of Russian hydrothermal synthetic rubies and sapphires[J]. Journal of Gems & Gemology, 35 (1): 17-28.

Shigley J E, McClure S F, Cole J E, et al., 2001. Hydrothermal synthetic red beryl from the institute of crystallography, Moscow[J]. Journal of Gems & Gemology, 37 (1): 42-55.

Somiya S, 1989. Hydrothermal Reactions for Materials Science and Engineering: An Overview of Research in Japan[M]. Berlin: Springer Netherlands.

Somiya S, 1990. Advanced Ceramics III[M]. Amsterdam: Elsevier Applied Science.

Spezia G, 1900. Sull Accresimento Del Quarzo[J]. Atti della Reale Accademia delle scienze di Torino, 35: 95-107.

Szymanski A, Abgarowicz E, Bakon A, et al., 1995. Diamond formed at low pressures and temperatures through liquid phase hydrothermal synthesis[J]. Diamond & Related Materials, 4 (3): 234-235.

Thomas V G, Mashkovtsev R I, Smirnov S Z, et al., 1997. Tairus hydrothermal synthetic sapphires doped with nickel and chromium[J]. Journal of Gems & Gemology, 33 (3): 188-202.

Tsinober L I, Chentsova L G, 1959. Synthetic quartz with amethyst coloring[J]. Kristallografiya, 4: 633-635.

Von Valkenburg A, Weir C, 1957. Beryl studies: $3BeO \cdot Al_2O_3 \cdot 6SiO_2$[J]. Geological Society of America Bulletin, 68: 1808.

Wood D L, Ballman A A, 1966. Blue synthetic quartz[J]. American Mineralogist, 51: 216-220.

Wyart J, Scavincar S, 1957. Synthese hydrothermale du beryl[J]. Bulletin de la Societe Francaise de Mineralogie et Cristallographie, 80: 395-396.

第2章　合成宝石晶体水热法生长中的影响因素

从热力学观点来看，合成宝石晶体的水热法生长过程可以描述为：在给定的物理化学条件下，处在高温高压下的"溶质-矿化剂溶液"体系中的溶液相与结晶相之间的相变过程。显然，这一过程必然要涉及相变、相平衡以及溶解-结晶平衡等热力学问题，如合成宝石晶体的水热溶解-结晶体系在给定条件下的相状态和相平衡、晶体在水热体系中的溶解、矿化剂溶液的 $p\text{-}V\text{-}T$ 特性等。这些热力学因素对晶体的水热法生长有着极为重要的影响。

从动力学角度来看，合成宝石晶体的水热法生长过程又是非热力学平衡的、复杂的动力学过程，该过程包括所需原料的溶解、生长基元的形成、溶质及热量的传输和宝石晶体的生长等一系列相互关联的过程，而这些过程又受到各种动力学因素的交叉作用而产生各种变化，并对晶体的生长质量、生长速度、生长过程和生长机制等产生一系列重要影响。

此外，合成宝石晶体的水热法生长过程还受晶体的结晶习性和极性生长等结晶学因素影响，这些因素对合成宝石晶体的水热法生长也是非常重要的。

总之，合成宝石晶体的水热法生长受到上述热力学、动力学和结晶学三类因素的重要影响。本章从合成宝石晶体水热法生长的实际出发，阐述热力学和动力学中的一些主要影响因素及其产生的一些主要影响，而结晶学因素的影响则与动力学因素的影响结合在一起进行论述。

还需指出的是，上述热力学、动力学和结晶学因素的影响都是在高温高压下的水溶液中产生的，故在论述上述这些影响因素之前，必须先阐明水在高温高压条件下的性质及其在合成宝石晶体水热法生长中所起到的重要作用。

2.1　水的性质和作用

水，是一种性质非常优秀、应用非常广泛的无机化学溶剂。在合成宝石晶体的水热法生长中，水溶剂不仅是与水热法生长密切相关的各种物理作用和化学作用等赖以进行的主要介质，而且也是"溶质-矿化剂溶液"中的最基本、最重要的组成成分，因而它对晶体的水热溶解和水热生长等能产生相当大的影响。水具有一系列优异的物理性质和化学性质，这些优异性质与水的分子结构、偶极性质和水分子之间的作用（氢键作用）等密切相关，从根本上来说，水的优异性质主要是由水分子的结构特征和成键特征决定的。

2.1.1　水分子的结构特征、成键特征和水的优异性质

1. 水分子的结构特征

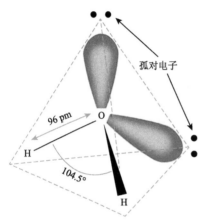

图 2.1　水分子的结构

水分子的化学结构在空间形态上为一畸变的四面体，氧原子处在该四面体中心附近，它的两对孤对电子位居该四面体的两个顶角附近，而与氧原子相键合的两个氢原子则居于该四面体的另外两个顶角附近，其 H—O—H 键角在理论上应为 109.5°，但因孤对电子与成键电子对之间存在相互排斥的作用，故键角被压缩成 104.5°，其分子结构如图 2.1 所示。

2. 水分子的成键特征

水分子之所以具有上述结构特征，是因为氧原子与氢原子在键合时，氧原子的一个 2s 态原子轨道和它的三个 2p 态（$2p_x$、$2p_y$、$2p_z$）原子轨道采取了不等性的 sp^3 杂化而形成了四个杂化轨道。所谓不等性杂化，指的是这四个 sp^3 杂化轨道的能量和成分不尽相同，即其中的两个 sp^3 杂化轨道含有 α（α 为 $0\sim\frac{1}{4}$ 之间的某一数值）的 s 成分，并具有较高的能量；而另外两个 sp^3 杂化轨道则只含有（$\frac{1}{2}-\alpha$）的 s 成分，且能量较低。此外，在这四个 sp^3 杂化轨道中，能量较低的两个 sp^3 杂化轨道被两对成双电子（两对孤对电子）所占据，而两个成单电子则分别占据另外两个能量较高的 sp^3 杂化轨道。同时，含有成单电子的两个 sp^3 杂化轨道与两个氢原子的 1s 态轨道相互重叠而形成了两个 σ 键。又因氧的电负性为 3.5，氢的电负性为 2.15，前者远大于后者，故在它们之间所形成的化学键为典型的极性共价键。

3. 水的优异性质

水分子的上述结构特征和成键特征使水具有高的偶极矩（其值为 1.85 D，1 D = 3.33564×10^{-30} C·m）、高的熔点和沸点[在 1 atm（即 1.01325×10^5 Pa）下其熔点和沸点分别为 0℃和 100℃，比其他第ⅥA 族氢化物高出很多，如图 2.2 和图 2.3 所示]、高的热导率[在 10℃下为 0.59 W/(m·℃)]、高的介电常数（25℃

下，其介电常数为 78.4）、高的表面张力、高的比热容[4.1868×10³ J/(kg·K)]、高的热稳定性（加热至 2000℃ 也只有约 0.588% 的水被热分解为氢和氧）以及在 4℃下具有最大密度（1.0 g/cm³）等特殊性质。

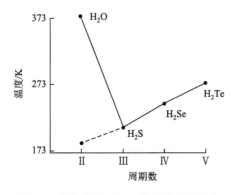

图 2.2　水与其他第VIA 族氢化物的沸点　　图 2.3　水与其他第VIA 族氢化物的熔点
　　　　　　比较图　　　　　　　　　　　　　　　比较图

2.1.2　水在合成宝石晶体水热法生长中的重要作用

水的上述性质，特别是它在高温高压下的物理性质和化学性质，对合成宝石晶体水热体系的相状态及相平衡、p-V-T 特性、溶液的酸碱度、氧化-还原能力以及原料溶解、溶质输运、热量传输、晶体生长等都起着非常重要的调节、控制（或限制）作用。

1. 水的相状态及其作用

1）水的相状态

水在不同的温度、压力范围内具有不同的相状态，呈现出固态、气态、液态、临界状态以及超临界状态等，其相平衡图（或状态图）如图 2.4 所示。

从图 2.4 中可看到：在水的压力-温度图（p-T 图）中，三根两相平衡共存的单变量曲线——OC 线（冰与水的平衡曲线）、OB 线（冰与水蒸气的平衡曲线）和 OA 线（水与水蒸气的平衡曲线）将水的整个 p-T 图划分为稳定存在的三个单相区域，即 COB 区（冰或固态水的稳定存在区）、COA 区（水或液态水的稳定存在区）和 BOA 区（水蒸气或气态水的稳定存在区）。

图中 O 点为水的气液固三相平衡共存点，其温度和压力分别为 0.0098℃ 和 633.32 Pa。

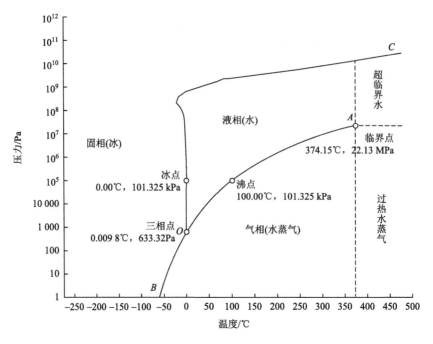

图 2.4 水的相平衡图

图中 A 点为水的临界点，处在临界状态下的水具有下列特性：①水在 A 点的温度、压力条件下处于临界状态。所谓临界状态，是指共存的液态水与气态水处在一种极限的平衡热力学状态（或边缘状态），此时因高温而膨胀的液态水的密度和因高压而被压缩的水蒸气的密度正好相同，水的液体和气体之间便没有区别，完全交融在一起，成为一种新的、呈现高温高压状态的流体。临界状态下的水，其液相与气相之间的相界面已完全消失，两者已完全融合在一起；②水的临界温度（T_c）及其临界压力（p_c）分别为 374.15℃ 和 22.13 MPa。③在临界温度（T_c）以上的温度条件下，气态水不能单纯地依靠气体压缩的方法转变为液态水。

在临界温度（T_c）和临界压力（p_c）以上的温度、压力条件下，水所处的相状态被称为超临界相状态。而处在临界温度（T_c）以上和临界压力（p_c）以下的气相状态可称之为过热气相状态。处在超临界相状态下的均匀、单一的流体相则被称为超临界流体相。研究表明，超临界水不仅具有很强的氧化能力，而且具有很广泛的融合能力。例如，在临界点以下的温度、压力条件下，油与水彼此分离而不能相互交融；但在超临界条件下，油与水就能很好地相互融合在一起。超临界水所具有的上述优异性质，已在工业中得到了广泛的应用，如超临界萃取和超临界氧化等。

2）水的相状态的作用

水在不同的温度、压力条件下所呈现的不同相状态对合成宝石晶体水热体系的相状态产生相当大的影响，主要表现在以下几方面。

（1）水的相状态与合成宝石晶体水热溶解-结晶体系的相状态有着十分密切的关系，尽管水和溶解有矿化剂和溶质的水热体系各自的相状态与其所对应的温度、压力等范围不尽相同，但两者的相状态仍处在一一对应的关系上，因而它们之间的状态图相似，这可从图 2.4、图 2.7 与图 2.9、图 2.10 的对比中得到证实。

（2）水的液相区、过热气相区和超临界相区都是在不同的温度、压力范围内存在的稳定的、均匀的、单一的相区，与之相对应的是：在合成宝石晶体水热溶解-结晶体系中也存在着稳定的、均匀的、单一的液相区、过热气相区和超临界相区。研究结果表明，晶体在上述三个相区内的溶解特性是各不相同的（参见 2.2.1 节的相关内容），其溶解度在液相区和超临界相区不仅比较大，而且它还随着温度、压力的升高而单调递增（也有个别递减的，如溶解度温度系数为负的 $AlPO_4$ 等），因而这两个相区对晶体的水热溶解和水热生长来说都是非常重要的，其中尤以密度接近于液相密度的超临界流体对晶体的水热溶解和水热生长更重要、更有利，这是因为：①与水在高温高压条件下的液相相比，晶体在超临界流体相中的溶解度不仅比较大，而且还随着温度、压力的升高而递增（或递减）；若在水中加入适宜的矿化剂，晶体的溶解度将呈现几倍、十几倍的增大，更有利于晶体生长（参见 2.2.3 节的相关内容）；②对于一般的液体介质而言，当其温度处在水的临界温度以上时，其气相成分的增加将使它的热膨胀系数（α）随着压力的升高而增大，就可确保在晶体的水热溶解-结晶体系中产生溶液的温差对流、溶质的输运、热量的传输和晶体的生长（参见 2.3.6 节中的相关内容）。

综上所述，水的相状态对合成宝石晶体的水热溶解-结晶体系的相状态起着相当大的调节和控制作用，两者的相状态也处于一一对应的关系，因而对晶体的水热溶解和水热生长都具有重要的意义。

2. 水的离子积常数及其酸碱度

在合成宝石晶体的水热体系中，溶质-矿化剂溶液的酸碱度与原料的溶解和晶体的生长都有着十分密切的关系，而水对其酸碱度起着调节控制的作用。

已知水在常温常压条件下仅产生微弱的电离，并可用下列电离反应式来描述：

$$2H_2O \Longrightarrow H_3O^+ + OH^- \quad 或 \quad H_2O \Longrightarrow H^+ + OH^- \tag{2.1}$$

水的上述电离特征可用水的离子积常数（简称水的离子积，K_w）来表征。研究结果表明，水在高温高压条件下的离子积与其温度和密度密切相关。Marshall 等（1981）在前人大量工作的基础上，提出了在温度为 0～1000℃、压力为 0.1～1000 MPa 下水的离子积与温度和密度的关系式：

$$\log K_{\mathrm{w}} = -4.098 - \frac{3245.2}{T} + \frac{2.2362 \times 10^5}{T^2} - \frac{3.984 \times 10^7}{T^3}$$
$$+ \left(13.957 - \frac{1262.3}{T} + \frac{8.5641 \times 10^5}{T^2} \right) \log \rho \tag{2.2}$$

式中，T ——温度，℃；

　　　ρ ——水的密度，g/cm³。

按式（2.2）所计算的数值列于表 2.1 中，$-\log K_{\mathrm{w}}$ 数值与大量的实验测定结果吻合良好。由表 2.1 所列数据可见，在合成宝石晶体水热法生长中的最常用的温度、压力范围（$T \leqslant 600℃$，$p \leqslant 200\ \mathrm{MPa}$）内，水的 $-\log K_{\mathrm{w}}$ 随着温度、压力的升高而出现规律性的变化：①当压力恒定时，$-\log K_{\mathrm{w}}$ 数值在温度 $0 \sim 350℃$ 随着温度的升高而逐步减小；而在温度 $T \geqslant 350℃$ 时，$-\log K_{\mathrm{w}}$ 数值则随着温度的升高而逐步增大。②当温度恒定时，$-\log K_{\mathrm{w}}$ 数值均随着压力的增大而逐步减小。很显然，上述这些变化规律都对水热体系中的酸碱度、原料溶解和晶体生长产生相当大的影响作用。

3. 水对氧化-还原反应的作用

在合成彩色宝石晶体水热法生长中，有些情况下必须对水热溶解-结晶体系的氧化-还原能力进行调节控制，以便控制变价致色离子的价态及其量比，从而生长出颜色既纯正又漂亮的宝石晶体来，而水则对其氧化-还原反应起着非常重要的作用（参见 3.5 节中的相关内容）。

4. 水是一种很强的离解性溶剂

所谓离解性溶剂，指的是使离子对（或缔合离子）离解成自由离子的溶剂。一般说来，溶剂离解性能的强弱与其介电常数（ε）的大小有着密切的内在联系；溶剂的介电常数越大，其离解性能就越强；反之，其离解性能就越弱。按溶剂（包括无机和有机等两大类溶剂）介电常数的大小，可将其划分为三类：①非极性溶剂，$\varepsilon < 15$，此类溶剂的溶液中未发现自由离子，即仅存在缔合离子或离子对；②极性溶剂，$\varepsilon = 15 \sim 40$，此类溶剂的溶液中自由离子和缔合离子可能同时存在，而两者之间的比例则取决于溶剂的性质和电解质的结构；③强极性溶剂，$\varepsilon > 40$，此类溶剂的溶液中几乎不存在缔合离子或离子对，仅存在自由离子。水具有很高的介电常数，当温度 $T = 25℃$ 时，其介电常数 $\varepsilon = 78.4$，因而它是一种很强的离解性溶剂。

水的密度（ρ）、黏度（η）和介电常数（ε）都是温度和压力的函数，即温度升高和压力降低都可以使水的介电常数、密度和黏度减小。在压力为 400 MPa 的条件下，水的介电常数、密度和黏度与温度之间的关系如图 2.5 所示。由图 2.5 可见，在压力恒定为 400 MPa 的条件下，水的介电常数、密度和黏度均随温度的

表 2.1　按式（2.2）0～1000℃和0.1～1000 MPa 时水的离子积的负对数 −logK_w（Marshall et al., 1981）

压力/MPa	温度/℃																	
	0	25	50	75	100	150	200	250	300	350	400	450	500	600	700	800	900	1000
饱和蒸气压	14.938	13.995	13.275	12.712	12.265	11.638	11.289	11.191	11.406	12.30	—	—	—	—	—	—	—	—
25	14.83	13.90	13.19	12.63	12.18	11.54	11.16	11.01	11.14	11.77	19.43	21.59	22.40	23.27	23.81	24.23	24.59	24.93
50	14.72	13.82	13.11	12.55	12.10	11.45	11.05	10.85	10.86	11.14	11.88	13.74	16.13	18.30	19.29	19.92	20.39	20.80
75	14.62	13.73	13.04	12.48	12.03	11.36	10.95	10.72	10.66	10.79	11.17	11.89	13.01	15.25	16.55	17.35	17.93	18.39
100	14.53	13.66	12.96	12.41	11.96	11.29	10.86	10.60	10.50	10.54	10.77	11.19	11.81	13.40	14.70	15.58	16.22	16.72
150	14.34	13.53	12.85	12.29	11.84	11.16	10.71	10.43	10.26	10.22	10.29	10.48	10.77	11.59	12.50	13.30	13.97	14.50
200	14.21	13.40	12.73	12.18	11.72	11.04	10.57	10.27	10.08	9.98	9.98	10.07	10.23	10.73	11.36	11.98	12.54	12.97
250	14.08	13.28	12.62	12.07	11.61	10.92	10.45	10.12	9.91	9.79	9.74	9.77	9.86	10.18	10.63	11.11	11.59	12.02
300	13.97	13.18	12.53	11.98	11.53	10.83	10.34	9.99	9.76	9.61	9.54	9.53	9.57	9.78	10.11	10.49	10.89	11.24
350	13.87	13.09	12.44	11.90	11.44	10.74	10.24	9.88	9.63	9.47	9.37	9.33	9.34	9.48	9.71	10.02	10.35	10.62
400	13.77	13.00	12.35	11.82	11.37	10.66	10.16	9.79	9.52	9.34	9.22	9.16	9.15	9.23	9.41	9.65	9.93	10.13
500	13.60	12.83	12.19	11.66	11.22	10.52	10.00	9.62	9.34	9.13	8.99	8.90	8.85	8.85	8.95	9.11	9.30	9.42
600	13.44	12.68	12.05	11.53	11.09	10.39	9.87	9.48	9.18	8.96	8.80	8.69	8.62	8.57	8.61	8.72	8.86	8.97
700	13.31	12.55	11.93	11.41	10.97	10.27	9.75	9.35	9.04	8.81	8.64	8.51	8.42	8.34	8.34	8.40	8.51	8.64
800	13.18	12.43	11.82	11.30	10.86	10.17	9.64	9.24	8.93	8.68	8.50	8.36	8.24	8.13	8.10	8.13	8.21	8.38
900	13.04	12.31	11.71	11.20	10.77	10.07	9.54	9.13	8.82	8.57	8.37	8.22	8.10	7.95	7.89	7.89	7.95	8.12
1000	12.91	12.21	11.62	11.11	10.68	9.98	9.45	9.04	8.71	8.46	8.25	8.09	7.96	7.78	7.70	7.68	7.70	7.85

升高而降低。其中，水的密度随温度的升高而比较均匀、平稳地降低；水的介电常数和黏度的降低速度则随温度的升高而有很大的变化：当温度在 0～300℃时，它们的降低速度不仅很大，而且降低速度的变化也很大；相反，当温度在 300℃以上时，它们的降低速度不仅比较小，而且降低速度的变化也比较小。

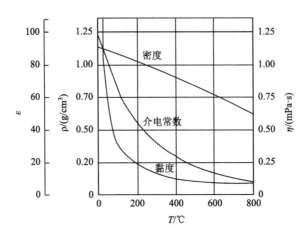

图 2.5　400 MPa 压力下水的物理性质与温度的关系（Quist et al.，1968）

Uematsu 等（1980）汇总和评述了水在温度高至 550℃、压力高至约 500 MPa 下的介电常数的实验资料，提出了将介电常数表示为温度和密度（或压力）的方程式，计算结果表明，在相当宽广的温度和密度范围内，水的介电常数处在 10～30 之间，即上述第一类非极性溶剂与第二类极性溶剂之间。

研究表明，溶剂离解性能的强弱对物质溶解的难易具有相当大的影响，即离解性能越强，越有利于物质在该溶剂中的溶解。因此，水的介电常数随温度和密度而变化的规律会对合成宝石晶体在高温高压下的矿化剂溶液中的溶解和结晶行为产生重要影响，对此应引起足够重视。

5. 水是晶质离子源电解质的一种很好的离子化溶剂

晶质离子源电解质，指的是具有原子晶格或分子晶格的晶体，即当它们与适宜的离子化溶剂发生作用时就能在其溶液中形成离子的晶体。所谓离子化溶剂指的是：能使晶质离子源电解质的共价键，特别是极性共价键转化为离子键的溶剂。研究表明，溶剂的离子化能力主要取决于它起电子对接受体（EPA）或电子对给予体（EPD）作用的能力，其作用能力越强，离子化能力也就越强，反之亦然；而所形成的 EPA-EPD 络合物（或称电子对授受络合物、分子络合物、电荷迁移络合物等）则是一类普遍存在的络合物，是具有原子晶格或分子晶格的物质溶解于溶剂中的最重要的络合作用之一，也是被溶物质存在于溶剂中的最主要的形式之一。水是一种具有很强离子化能力的溶剂，因为其既可作为电子对给予体（水分子中的孤对电子），又可作为电子对接受体（水分子中的 OH 基团）。一种优秀的离子化溶剂，不仅要求它起 EPA 或 EPD 作用的能力要强，而且还要求它的介电常数要足够高，而水则正好满足了所有这些条件，因而它具有很强的溶解能力，特别是当在水中加入适当的矿化剂（如极性矿化剂等）时，将大幅度地提高水溶剂起 EPA 或 EPD 作用的能力，其溶解能力将更强（参见 2.2.3 节的相关内容）。由此可见，水作为一种优秀而又重要的溶剂在合成宝石晶体的离子化及其溶解过程中扮演着十分重要的角色，对晶体原料的溶解与晶体生长都起着至关重要的作用。

6. 水是一种典型的含有质子给予体基团的溶剂

水是一种典型的含有质子给予体基团的溶剂，而质子给予体基团所指的是由一个氢原子和一个电负性比氢原子大的原子组成的基团，如 H 分别与 O、N、F、C 等原子组成的 OH、NH、FH、CH 等基团，它们均可与起电子对给予体作用的溶剂形成氢键，如：①F—H…F，形成最强的氢键；②O—H…O、O—H…N、N—H…O，形成强的氢键；③N—H…N，形成较弱的氢键；④Cl—C—H…O、Cl—H…N，形成最弱的氢键（… 表示氢键）。如上所述，水既能起质子给予体、又能起电子对给予体的作用，因而在水分子之间可形成相当强的氢键。而氢键可产生下列效果：①水是阴离子溶剂化（或称水合作用）很好的溶剂，而阴离子的溶剂化将使溶液的有效浓度（或活度）降低，因而有利于宝石晶体原料的水热溶解。②使水产生缔合作用，即简单水分子 H_2O 缔合成较复杂水分子基团$(H_2O)_n$（n 可以是 2、3、4 等）而又不引起水的化学性质发生改变。水分子的缔合过程是一种放热过程，因而水的缔合度将随着温度的升高而降低（即 n 值变小）。而水所具有的优异的物理性质，如上述的高偶极矩、高熔点和沸点、高介电常数、高表面张力、高比热容、高熔化热、高蒸发热等，无一不与水的缔合作用有着十分密切的关系。

缔合作用可使液态水成为一种类似密堆积的“固体晶相”，而其堆积的紧密程度（称为水的密度）则是随着温度、压力的变化而变化的。从图 2.6 中可以看到，在等压条件下，水的密度随着温度的升高而降低。当压力 $p \geqslant 500\ MPa$ 时，其密度随温度的升高不仅等斜率地、线性地降低，而且压力越大，其斜率也越大；当压力 $p = 22 \sim 250\ MPa$ 时，其密度随温度升高而降低的斜率不仅是变化的，而且当压力越低时，其斜率的变化也越大。水的密度与温度和压力之间的这种函数关系是调节控制水热溶解-结晶体系中的温度和压力的依据，而在实际工作中，则是根据温度（T）、压力（p）和填充度（f）[或填充的溶液体积（V）]等三者的函数关系进行调节控制的。

　　图 2.7 给出了纯水的 p-f-T 关系（Kennedy，1950a），该关系也称之为 p-V-T
关系（具体数据见附录）。在图 2.7 中，临界填充度约 32%，即在此填充度下气液
界面既不上升，也不下降；点划线表示气液共存线。由图 2.7 可见：①在等温条
件下，压力（p）随填充度（f）增大而升高；②在等压条件下，温度（T）随
着填充度（f）增大反而降低；③在给定填充度（f）的条件下，当温度升高到
某一数值时，p-T 曲线就离开气液共存线；之后，压力将随着温度升高而线性地、
等斜率地升高；填充度（f）越大，其 p-T 曲线不仅离开气液共存线的温度越低，
而且它的斜率也越大；换言之，即压力将随着温度升高而线性升高的速度也就越
快。前已指出：在合成宝石晶体的水热法生长中，溶质、矿化剂、水所组成的溶
液一般属于稀薄相溶液，而水又是其中最主要的组成成分，因而溶质-矿化剂水溶
液的 p-T 曲线形态与纯水的 p-T 曲线形态是非常相似的（参见图 2.10）。但是，在
填充度相同的条件下，因纯水的压力温度系数（$\dfrac{\mathrm{d}p}{\mathrm{d}T}$）一般大于溶质-矿化剂水溶
液（含有挥发性组分的溶液除外）的压力温度系数，故纯水的 p-T 曲线离开气液
共存线的温度将比溶质-矿化剂水溶液 p-T 曲线离开气液共存线的温度更低一些。

　　综上所述，水在高温高压下的物理性质和化学性质及其随外部环境因素变化
而变化的规律会在很大的程度上影响合成宝石晶体水热溶解-结晶体系中的温度、
压力、物相状态、氧化-还原、酸度碱度、原料溶解、溶液对流、热量传输和晶体
生长等。水在合成宝石晶体的水热溶解和水热生长中不仅是一种性能优异的溶
剂，而且还提供了一个相对稳定的物理化学背景场，对水热溶解-结晶体系起着相
当大的调节控制作用。

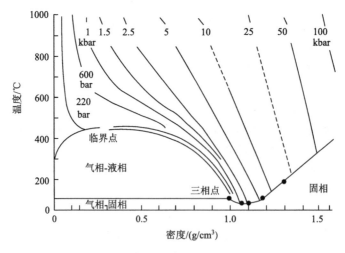

图 2.6　水的温度-密度图（Frank，1970）

1 bar = 0.1 MPa

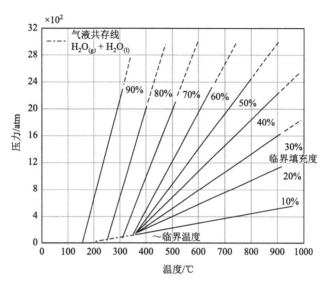

图 2.7　水在一定的填充度下，压力与温度的关系图（Kennedy，1950a）

2.2　合成宝石晶体水热法生长中的热力学因素

合成宝石晶体的水热溶解-结晶体系包括原料（培养料）的水热溶解和晶体的水热生长两类体系。在本书中，前一类体系通常表示热力学状态下的水热体系，而后一类则通常表示动力学状态下的水热体系。这两类体系均可抽象地表示为 A-B-H_2O 水热体系，其中 A 表示合成宝石晶体或对应的天然宝石晶体（或其他人工晶体）；B 表示单一的或混合的矿化剂。例如，在 SiO_2-NaOH-H_2O、Al_2O_3-Na_2CO_3-H_2O 或 Al_2O_3-Na_2CO_3 + $KHCO_3$-H_2O 水热体系中，A 表示合成的或与之对应的天然石英（SiO_2）和刚玉（Al_2O_3），B 表示单一矿化剂 NaOH 和 Na_2CO_3 以及混合矿化剂 Na_2CO_3 + $KHCO_3$。

概括地讲，本节要阐述的相状态、p-V-T 特性、溶解度和相平衡等，实质上就是从不同的角度来实验研究给定的 A-B-H_2O 水热体系在热力学平衡条件下的主要性质（或特征）及其随平衡因素变化而变化的规律。然而，在实际工作中要使所研究的水热体系处在严格意义上的热力学平衡状态是不可能的，这是因为不可能使这种水热体系在其变化过程中所产生的变化无限小、所进行的速度无限慢、所需要的时间无限长，因而只能使其尽可能地处在近似的热力学平衡状态之中，而要达到这种平衡状态则需满足下列两个基本条件：①尽可能地使给定的 A-B-H_2O 水热体系处在等温、等压（或等填充度）、等溶液浓度等物理化学条件下；②尽可能地使合成宝石晶体在这种给定的物理化学条件下的水热体系中的溶解作用与结晶作用处于动态平衡中。下面论述的相状态、p-V-T 特性、溶解度和相平衡等的实验研究，就是在满足上述两个基本条件的情况下进行的。

从合成宝石晶体水热法生长的实际出发，只有全面深入地实验研究上述这种给定的 A-B-H$_2$O 水热体系，其在近似的热力学平衡条件下的相状态、p-V-T 特性、溶解度和相平衡等的特点及其随体系平衡因素而变化的规律，才有可能合理地制定出合成宝石晶体水热法生长的技术方案，合理地选择晶体生长的物理化学参数、合理地确立晶体生长的最佳匹配条件，从而优质快速地进行晶体水热法生长。由此可见，对其进行实验研究不仅具有十分重要的理论意义，而且还具有非常重要的实际意义。

2.2.1　合成宝石晶体水热体系的相状态和包裹体判别

合成宝石晶体在 A-H$_2$O（或 A-B-H$_2$O）水热体系的不同相状态中，其溶解-结晶作用的特点是各不相同的，因而水热体系的相状态对其水热溶解和水热生长具有十分重要的意义。本节将以石英晶体的水热溶解特点与其水热体系相状态之间的密切关系为例，阐明 A-H$_2$O（或 A-B-H$_2$O）水热体系相状态的某些共同规律以及适宜于水热溶解和水热生长的相状态。同时，还将阐明应用气液两相包裹体特征来判别相状态的方法。

1. 石英晶体的水热溶解特点及其水热体系的相状态

迄今对合成宝石晶体在给定的水热体系中及给定的物理化学条件下进行水热法生长时相状态的看法仍然众说纷纭。例如，对人工水晶水热法生长来说，有关体系的相状态就存在以下 5 种不同的看法：①Hale（1948）认为人工水晶是在单一的液相中生长的；②Friedman（1950）认为可以有与石英相平衡的气相和液相存在；③Laudise（1959）认为只有单一的气相存在；④仲维卓（1994）认为人工水晶的生长是在气相-液相混合的相状态中进行的，并以液相为主，且液相所占份额是随着填充度的提高而提高的；⑤Ketchum（2001）认为人工水晶是在超临界的流体相中生长的。上述 5 种不同的看法涵盖了人工水晶在其水热体系中进行生长时所有可能存在的相状态。

众所周知，在人工晶体的水热法生长中，人工水晶的实验研究和开发研究是最全面深入的，其生长技术工艺也是最成熟的，其工业生产的规模亦是最大的，其产品的应用也是最有成效的，但对其水热溶解-结晶体系相状态的看法仍存在如此大的分歧，因而人们对其他合成宝石晶体水热溶解-结晶体系相状态的分歧看法也就更加不足为奇了。因此，要想圆满地解决上述意见分歧，就必须对给定的 A-H$_2$O（或 A-B-H$_2$O）水热体系的相状态进行全面深入的实验研究，以便查明该体系相状态与其温度、压力（或填充度）和溶液浓度等的密切关系。

Kennedy（1950b）曾对简单的 SiO_2-H_2O（即 A-H_2O）体系进行过经典性的研究工作，其结果如图 2.8 所示。由图 2.8 可见，如果以气液共存线和临界温度线为界，则可将整个溶解度-温度图（即 S-T 图）划分为三个区域，而石英晶体在各个区域里的溶解特点是明显不同的，分别阐述如下。

1）石英+液相区

当压力 $p \geqslant 50\,MPa$ 时，石英晶体在该区的溶解度均随着温度、压力的升高而同步增大；压力越高，溶解度随着温度升高而增大的幅度虽然越大，但总的来看石英晶体的溶解度压力系数（$\dfrac{dS}{dp}$）比溶解度温度系数（$\dfrac{dS}{dT}$）要小得多，显然这是由液态水的密度压力系数（$\dfrac{d\rho}{dp}$）小（即液态水的压缩性小或膨胀性小）所造成的。从石英晶体在该区溶解反应的热效应来看，都为吸热溶解反应，即其溶解度在等压条件下将随着温度的升高而增大。

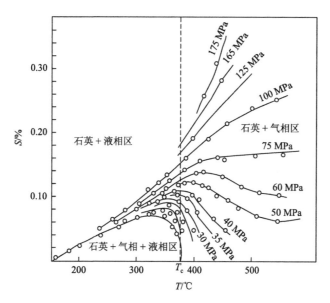

图 2.8　石英在水中的溶解度与温度、压力的关系（Kennedy，1950b）

2）石英+气相+液相区

当压力不变时，石英晶体的溶解度将随着温度的升高而增大，但当达到最大值后，随着温度的升高反而减小（即等压 S-T 曲线为不对称的倒 U 形曲线）。显然，这与共存区内气体和液体所占的比例有关，当气体所占的比例越大时，综合溶解度（此处指的是气相中与液相中的溶解度之加权平均值）就越小，综合表现为放热溶解反应；相反，若液体所占的比例越大，综合溶解度就越大，综合表现为吸热溶解反应。

3）石英 + 气相区

在该区内，其温度均大于纯水的临界温度（$T_c \approx 374℃$），但石英晶体溶解度与水热体系温度、压力之间存在着两种不同的关系：其一，当体系中的压力 $p \geq$ 75 MPa 时，石英晶体的溶解度不仅在等压下随着温度的升高而增大，而且压力越高，溶解度增大的幅度就越大，其等压溶解度-温度曲线的斜率也就越大，其溶解反应为吸热溶解反应。显而易见，上述这些特点与流体密度随着体系压力的升高而增大是密切相关的，即压力越高，流体密度就越大，石英晶体的溶解度也就越大。其二，当体系中的压力 $p <$ 75 MPa 时，石英晶体在等压下的溶解度将随温度的升高反而减小，且体系中的压力越低，溶解度随温度升高而减小的幅度就越大，其等压溶解度-温度曲线也就越陡，其溶解反应为放热溶解反应，这显然与流体在低压高温下的膨胀和密度变小密切相关，即压力越小，温度越高，流体的膨胀性就越大，密度就越小，石英晶体的溶解度也就越小。若从合成宝石晶体水热溶解和水热法生长的角度出发，并根据上述石英溶解度与温度和压力的密切关系，可将该区进一步划分为超临界流体相亚区（$T > T_c$，$p \geq$75 MPa）和过热气体相亚区（$T > T_c$，$p <$ 75 MPa）。

上述研究揭示出 SiO_2-H_2O（或 A-H_2O）水热体系具有下列特点：①该体系在不同的平衡条件下存在不同的相状态，并可将整个 S-T 图划分为三个相区，石英晶体在这三个相区的溶解特性是明显不同的。②在上述三个相区中，液相区和超临界流体相亚区是人工水晶进行水热溶解和水热生长合适的两个相区，这是因为：其一，在上述这两个相区里，溶解度不仅都随着温度、压力的升高而增大，而且溶解度都比较大，特别是在密度接近于液态水的超临界流体相中的溶解度更大。若在该体系中加入适宜的矿化剂，人工水晶在这两个相区内的溶解度将会大幅度增大，更有利于水热溶解和水热生长。其二，在上述两个相区内，每个相都是均匀、单一的液相或超临界流体相，其性质处处相同，物质和热量的传输也不必越过物相界面就可以直接进行，因而当人工水晶进行水热溶解或水热生长时就完全避免了这部分界面能的损耗。从能量的观点来看，这显然有利于人工水晶的水热溶解和水热生长。③石英晶体在临界点附近的热水中的溶解度既随温度升高而减小（在等压条件下），又随着压力提高而增大（在等温条件下），即等压 S-T 曲线呈不对称的倒 U 形，因而在实验研究待生长晶体的水热溶解或水热生长时，应在比临界点更高一些的温度、压力条件下进行。根据上述，当人工水晶在给定的 A-B-H_2O 水热体系中及给定的物理化学条件下进行水热法生长时，其相状态可能为均匀的、单一的液相状态或为均匀的、单一的超临界流体相状态，而根据目前人工水晶工业生产的温度、压力条件来判断，它极有可能是在均匀、单一的液相状态中生长的。

上述实验结果是具有普遍意义的，即对于给定的 A-H_2O 水热体系（其晶体 A 具有类似于石英的溶解特性），应当具有与 SiO_2-H_2O 体系相类似的特点，即必定存在晶体＋液体、晶体＋气体、晶体＋液体＋气体三个平衡相区，且晶体 A 在三个相区内具有各自的溶解特性。若在 A-H_2O 体系中加入矿化剂 B，就构成了 A-B-H_2O 水热体系，如 SiO_2-NaOH-H_2O 等水热体系。矿化剂 B 的加入，不仅不会改变水热体系所具有的上述特点，而且还将在相当大的程度上提高水起 EPD 作用的能力。换言之，矿化剂 B 的加入必将提高晶体的溶解度而更有利于晶体的水热法生长。

2. 水热体系相状态的包裹体判别

在上述 A-H_2O（或 A-B-H_2O）水热体系中，在不同温度、压力等条件下，该体系具有不同的相状态，晶体 A 具有不同的溶解特点，这就为应用流体包裹体判别水热体系相状态奠定了理论基础。实际结果表明，晶体 A 在水热生长过程中必将或多或少地从 A-B-H_2O 水热体系中捕获和圈闭少量溶质-矿化剂水热溶液，并构成一封闭的物理化学体系而在晶体 A 中保存下来（称为气液两相包裹体），而所捕获和圈闭溶液的相状态（即液相、气相、共存气液相、超临界流体相等相状态中的一种）就代表了该水热体系的相状态。因此，在实际工作中就可根据水热法合成宝石晶体中的气液两相包裹体类型及其均一温度等来判断晶体生长时的相状态。下面，根据卢焕章等（1990）的相关研究成果具体阐述如下。

1）晶体 A 中的液相包裹体

若在 A-B-H_2O 水热体系中所生长的晶体 A 中存在气液两相包裹体，且在室温下该包裹体中的气相比率（气相体积占包裹体总体积的百分比）＜60%，同时该包裹体不仅在加热升温过程中的气相体积逐渐缩小，而且当达到某一温度、压力时气相完全消失，整个包裹体变成单一、均匀的液相，此时的温度、压力就被称为均一温度和均一压力，经过校正后的均一温度和均一压力就相当于晶体 A 生长时的温度和压力。若晶体 A 中仅见到此类包裹体，则可判定它是在 A-B-H_2O 水热体系的液相状态中生长的。

2）晶体 A 中的气相包裹体

若晶体 A 中的气液两相包裹体，在室温下的气相比率＞60%，且该包裹体在加热升温过程中逐渐变为气相，当再将其冷却至室温后又变为气液两相时，那么该包裹体被均一为气相时的温度和压力就相当于晶体 A 生长时的温度和压力。但是，当根据此类包裹体来判别晶体水热体系的相状态时，还需根据 A-B-H_2O 水热体系的临界点来判别：若均一为气相的压力大于该体系的临界压力，则晶体是在超临界流体相中生长的；否则，晶体就是在过热气相中形成的。

　　3）晶体 A 中的气液两相包裹体

　　若在均一过程中一类气液两相包裹体被均一为气体，而另一类气液两相包裹体变为液体，且这两类包裹体的均一温度又非常接近，则可判断该晶体是在临界状态下的共存气液相中（即在沸腾状态下的气液相中）生长的。

2.2.2　合成宝石晶体水热体系的 $p\text{-}V\text{-}T$ 特性

　　在 $A\text{-}H_2O$ 或 $A\text{-}B\text{-}H_2O$ 水热体系的反应中，参与的各个物理化学参量最终反映在温度与压力上，而且压力与系统内的体积（或填充度）有关。人造水晶之所以能够成为第一个成功地用水热法技术生长的晶体而又较迅速广泛地应用到电子学与光学领域中，在一定程度上应归功于以前的学者对生长石英晶体时水热溶液的 $p\text{-}V\text{-}T$ 特性的研究（张克从等，1997）。由此可见，实验研究 $A\text{-}B\text{-}H_2O$ 水热体系在给定物理化学条件下的 $p\text{-}V\text{-}T$ 特性是一项基础性的研究工作，对合成宝石晶体的水热溶解和水热生长具有重要意义。Laudise 等（1961）、仲维卓（1994）、Kolb 等（1983）、Jia 等（1985）、Belt 等（1993）都曾实验研究过不同的水热体系的 $p\text{-}V\text{-}T$ 特性。本节以 Kolb 等、Jia 等的研究结果为例，阐明合成宝石晶体水热体系 $p\text{-}V\text{-}T$ 特性的某些共同规律以及对其水热溶解和水热生长的意义。

　　Kolb 等（1983）曾在 $SiO_2\text{-}NaOH\text{-}H_2O$ 水热体系中实验研究了当石英晶体在不同填充度（65%～89%）、浓度为 1.0 mol/L 的 NaOH 水热溶液中发生饱和溶解（即溶解与结晶达到了动态平衡）时的 $p\text{-}V\text{-}T$ 特性，如图 2.9 所示。

　　Jia 等（1985）在 $SiO_2\text{-}Na_2O\text{-}H_2O$ 水热体系中实验研究了石英晶体与水热溶液平衡共存时的 $p\text{-}V\text{-}T$ 特性。在实验研究中，矿化剂 NaOH 水溶液的填充度分别为 75%、80%、85% 和 90%，其浓度分别为 0.5 mol/L、1.0 mol/L、1.5 mol/L。在给定的每一种填充度下，分别在上述三种浓度的矿化剂 NaOH 水溶液中测试三条 $p\text{-}T$ 曲线，其测试结果如图 2.10 所示。

　　归纳总结和综合分析上述实验结果，可获得下列认识。

　　（1）所谓 $p\text{-}V\text{-}T$ 特性，实质上就是在给定的 $A\text{-}B\text{-}H_2O$ 水热体系中和在给定的物理化学条件下，当晶体 A 的溶解作用与结晶作用达到动态平衡（即发生饱和溶解）时的 p、V（或 f）、T 关系。具体地说，这种 $p\text{-}V\text{-}T$ 关系表现在：在给定的 $A\text{-}B\text{-}H_2O$ 水热体系中，当矿化剂水溶液的初始浓度及其初始填充度固定不变而仅改变温度且当晶体 A 的溶解作用与结晶作用在每一温度下都达到动态平衡时，就可测试得到与一系列温度相对应的一系列平衡压力；若将各个测试点连接起来，就得到了如图 2.9 和图 2.10 中所绘制的、其中的一条溶质-矿化剂水热溶液的等浓度和等填充度的 $p\text{-}T$ 曲线（即压力随温度而变化的单变量曲线）；然后，再改变矿化剂水溶液的初始浓度和初始填充度，则又可测试得到另外一条等矿化剂浓度和等填充度的 p-T 曲线。

（2）具有与 SiO_2-H_2O 水热体系 p-T 图相类似的特点。在 A-B-H_2O 水热体系的 p-T 图（图 2.9 和图 2.10）中，如果平行压力坐标轴，并通过该水热体系的临界点，就可做出一条临界温度线。当以该临界温度线和 AB 气液共存线（参见图 2.9）为界时，就可将 p-T 图划分为三个相区：①在临界温度线左边和 AB 气液共存线上方的晶体 A + 液相区；②在临界温度线左边以及 AB 气液共存线下方区域的晶体 A + 液相 + 气相区；③在临界温度线右边区域的晶体 A + 气相区（根据 S-T 曲线在该区的特点可再划分为过热气体相亚区和超临界流体相亚区）。此外，如果在这三个（准确地说应是四个）相区内分别测试研究同种晶体的溶解度，那么就可发现上述这些溶解特性不仅各不相同，而且其特点也与上述 SiO_2-H_2O 水热体系中的特点相类似（参见 2.2.1 节中的相关内容）。

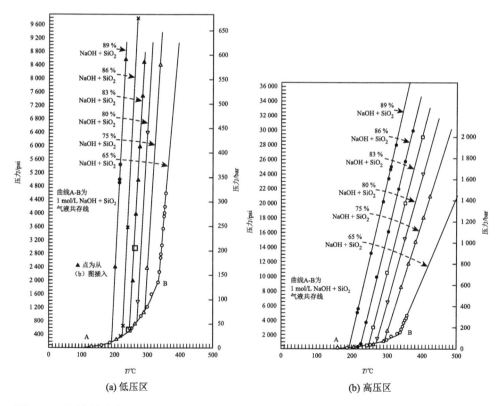

图 2.9　不同的填充度下，石英在 1.0 mol/L NaOH 水热溶液中发生饱和溶解时溶液的 p-V-T 特性（Kolb et al.，1983）

1 psi = 6.89476×10³ Pa

（3）具有与纯水的水热体系中的 p-T 曲线相类似的特点。在上述这种 A-B-H_2O 水热体系中，其压力随着温度和填充度的提高而增大。对于矿化剂水热溶液的每一个给定的初始浓度和初始填充度而言，当温度升高到某一温度时，p-T 曲线不仅会离开气液共存线，而且其后的压力也会随着温度的升高而线性地、等斜率地增大。当矿化剂的初始浓度不变时，p-T 曲线离开气液共存线的温度高低及该 p-T 曲线的斜率大小均与矿化剂水热溶液初始填充度的大小存在着密切的关系，即初始填充度越大，p-T 曲线离开气液共存线的温度就越低，其斜率也就越大。将图 2.9 与图 2.7 进行对比，可清楚地看出：A-B-H_2O 水热体系 p-T 曲线的上述这些特点与纯水的水热体系 p-T 曲线的特点是完全类似的，这也说明水对 A-B-H_2O 水热体系的调节控制作用（参见 2.1.2 节中的相关内容）。上述这些类似特征在图 2.10 中也可清楚地见到：在填充度 f＝85%的条件下，矿化剂 NaOH 水热溶液的 p-T 曲线与纯水的 p-T 曲线非常相似，即曲线形态及其曲线斜率基本相同。显然，上述这些规律性的变化与矿化剂水热溶液的密度随着温度的降低以及压力的升高而规律性的提高是密切相关的。

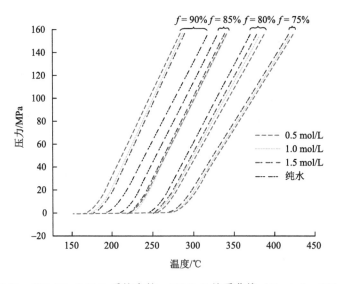

图 2.10　SiO_2-Na_2O-H_2O 系统中的 p-$V(f)$-T 关系曲线（Jia et al.，1985）

（4）温度、压力、填充度与矿化剂浓度等的关系较复杂。在给定的 A-B-H_2O 水热体系中，矿化剂水热溶液的初始浓度和初始填充度与温度和压力的关系是比较复杂的（图 2.10），具体阐述如下。

①当 85%＜f≤90%时，在相同温度下，体系中的压力将随着矿化剂 NaOH 水热溶液初始浓度的降低而提高；当 f＝85%时，矿化剂 NaOH 水热溶液初始浓

度的变化对压力几乎没有影响，例如，NaOH 初始浓度不同、填充度相同的三条 p-T 曲线在图 2.10 中几乎重叠在一起。

②当 f = 80%时，体系中的压力随着矿化剂 NaOH 水热溶液初始浓度的增大而提高，即三条等初始填充度，但初始浓度不同的 p-T 曲线的相对位置与 f = 90%时的相对位置正好相反，即在等初始填充度和等温度的条件下，体系中的压力是随着矿化剂 NaOH 水热溶液的初始浓度的提高而升高的。

③当 f 进一步减小到 75%时，矿化剂 NaOH 水热溶液的初始浓度不同的三条 p-T 曲线又逐渐靠拢，即在等初始填充度和等温度的条件下，其初始浓度对体系中压力的影响作用变小。

综上所述，A-B-H_2O 水热体系中的 p-$V(f)$-T 特性实质上就是晶体 A 在其水热溶解-结晶体系中处于热力学平衡时的 p、V（或 f）、T 的关系，据此可合理地选择晶体 A 在给定的 A-B-H_2O 水热体系中进行水热溶解或水热生长时的温度、压力、矿化剂浓度等的大小范围（适于水热溶解-水热生长的液相区或超临界相区的大小范围）。但应当清醒地看到，在 A-B-H_2O 水热体系中，矿化剂的初始浓度、水溶液的初始填充度和温度与其压力之间存在着比较复杂的关系（图 2.10），因而必须对 p-$V(f)$-T 特性进行深入的测试研究。

2.2.3　合成宝石晶体在水热体系中的溶解度

1. 概述

晶体 A 在 A-B-H_2O 水热体系中的溶解度（S），若从热力学角度来定义，则可表述为：晶体 A 在给定的 A-B-H_2O 水热体系中和在给定的物理化学条件下，发生同成分溶解，且当溶解作用与结晶作用处于热力学平衡时，其溶质在饱和水热溶液中的浓度就称为晶体 A 的热力学溶解度。热力学溶解度数据是获得许多重要热力学数据[如晶体的溶解热（ΔH）、溶度积（K_{sp}）、络合物生成自由能（ΔG）等]的基础数据，因而非常重要。但在实际工作中只能使晶体 A 的水热溶解-结晶体系近似地处在热力学平衡状态之中，因而所测试得到的溶解度也只能是近似的热力学溶解度。

晶体 A 溶解度的测试研究，对其水热法生长来说是至关重要的，这是因为它能提供下列重要资料：①待生长晶体 A 在给定物理化学条件下的 A-B-H_2O 水热体系中的溶解特性，其中特别重要的是，晶体 A 所发生的溶解作用究竟是同成分溶解（或称一致性溶解，即溶液中溶质的化学组成及其量比与被溶解晶体的化学组成及其量比完全相同），还是非同成分溶解（或称非一致性溶解，即溶液中溶质的化学组成及其量比与被溶解晶体的化学组成及其量比完全不同）；究竟是吸热溶解

（其溶解度温度系数为正值），还是放热溶解（其溶解度温度系数为负值）。②不仅可获得晶体 A 在 A-B-H$_2$O 水热体系中和在给定的物理化学条件下的溶解度及其温度系数，还可通过溶解度曲线，如溶解度-温度（S-T）曲线或溶解度-浓度（S-c）曲线等来估算出溶质-矿化剂水热溶液过饱和区的温度范围。③通过溶解度的测试研究，可筛选出适宜于晶体 A 水热溶解和水热生长的矿化剂，并确定它在 A-B-H$_2$O 水热体系中作为唯一晶相而稳定存在的温度、压力和矿化剂浓度等的范围。④选择晶体 A 水热溶解和水热生长的最佳匹配条件。因此，在合成宝石晶体水热法生长中，溶解度的测试研究是一项不可或缺的基础性研究工作。本节将从晶体 A 水热法生长的实际工作出发，阐述溶解度中的矿化剂选择及其主要影响因素等几个重要问题。

2. 矿化剂选择的基本原则

一般来说，晶体 A 在常温常压条件下的纯水中属于难溶物质[习惯上，人们将溶解度（S）<0.01 g/100 g H$_2$O 的物质称为难溶物质]，即使在高温高压条件下的纯水中，其溶解度也是很小的。例如，Kennedy（1950b）在 $T = 610$℃、$p \approx$ 125 MPa 的纯水中做过石英晶体溶解度实验，与在其他温度、压力条件下的溶解度相比，虽然是最高的，但也只有 0.456%，应当说它的溶解度仍然是比较小的，达不到采用"温差水热法"生长人工水晶的技术要求。但是，当石英晶体在浓度为 0.51 mol/L 的 NaOH 碱性矿化剂里，只需温度达到 350℃、压力达到 139 MPa，其溶解度就可高达 3.0%，这就完全满足了采用"温差水热法"生长人工水晶的技术要求。由此可见，矿化剂对提高晶体 A 在 A-B-H$_2$O 水热体系中的溶解度是至关重要的。这是因为一旦在纯水中加入了适宜的矿化剂，水的性质就会朝着有利于待生长晶体 A 的溶解方向而变化，特别是水的电子对给予体（EPD）作用就提高了，即矿化剂水溶液对晶体 A 的溶解能力就提高了。下面，将从合成宝石晶体水热法生长的实际需要的角度来考虑，并从四个方面来阐述矿化剂选择的基本原则。

1）溶解度及溶解度温度系数 $\left(\dfrac{\mathrm{d}S}{\mathrm{d}T}\right)$

对于晶体 A 的水热法生长来说，不仅要求它在高温高压条件下的矿化剂水热溶液中能够发生同成分溶解，而且还要求它的溶解度必须达到 1.5%～5.0%（张克从等，1997）。除此之外，还要求它的溶解度温度系数 $\left(\dfrac{\mathrm{d}S}{\mathrm{d}T}\right)$ 既要适宜，又要足够大。提出上述这些要求，是因为：①对一个给定物理化学条件下的 A-B-H$_2$O 水热体系来说，只有当晶体 A 发生同成分溶解时，才能确保所测试的溶解度是被测晶体 A 的溶解度，而不是它与其他晶体（如同质多象变体的相转变或新晶体的形成等）的溶解度，甚至是其他晶体的溶解度；只有当晶体 A 发生同成分溶解时，所测得的溶解度数据才是确定的和唯一的；只有当晶体 A 发生同成分溶解时，才能确保在合适的温度、压力等物理化学条件下所生长出来的晶体是所需要的、唯一的晶体，而不是不需要的其他晶体（或称为杂晶）；②只有溶解度足够大，才能保证供有足够多的溶质来满足晶体，特别是大尺寸晶体生长的需要；③只有适宜而又足够大的溶解度温度系数，才能够既保证晶体 A 有足够大的生长速度，又保证在其生长过程中不会因温度波动而导致自发成核生长或新生晶体被溶解侵蚀等现象。如果溶解度温度系数太大，那么较小的温度波动就可能使溶液的过饱和度产生较大的变化。例如，当溶液达到了不稳过饱和区时，一方面将会产生自发成核生长而形成大量的杂晶，另一方面又将大幅度地降低晶体的生长速度；而当溶液进入到了稳定的不饱和区时，晶体生长不仅会停止，而且溶液还会对新生长的晶体产生严重的溶解侵蚀作用。

2）亚稳区温度范围

在采用温差水热法生长晶体 A 的过程中，溶质-矿化剂水热溶液过饱和区温度范围的宽窄将直接影响生长速度的大小、生长质量的好坏、生长过程的稳定性以及调节控制生长条件的难易程度。实际经验表明，溶质-矿化剂水热溶液过饱和区的温度范围越宽，越有利于晶体生长参数的调节控制和晶体生长，也越不容易出现自发成核生长或晶体被溶蚀等现象。但是，晶体的生长速度将因此而变得较小。因此，要求所选择的矿化剂能使溶质-矿化剂水热溶液在加入籽晶生长时，其过饱和区的温度范围要足够大，但又不宜过大。过饱和区温度范围又与溶解度温度系数密切相关：系数越小，其范围就越大；反之，其范围就越小。因此，在选择生长参数时，必须使过饱和区温度范围的宽窄与溶解度温度系数的大小相互匹配。

3）正或负的溶解度温度系数 $\left(\dfrac{\mathrm{d}S}{\mathrm{d}T}\right)$

对晶体 A 的水热法生长来说，正的或负的溶解度温度系数对它的影响是完全不同的。这是因为温差水热法的加热方式一般是外加热的，即加热组件与高压釜的配置方式是加热组件分布在高压釜的外围。因此，当沿着高压釜反应腔的径向进行对比时就会发现，靠近高压釜反应腔内壁附近的温度比靠近反应腔中心附近的温度要高一些（高压釜内径越大，其差异越大）。于是，①对于具有负而大的溶解度温度系数（即 $\dfrac{\mathrm{d}S}{\mathrm{d}T}<0$）的晶体 A 而言，当反应腔中心附近的溶液到了亚稳过饱和区时，在其内壁附近的溶液则到了不稳过饱和区，因而在反应腔的上部内壁等地方就会产生自发成核生长。Callahan 等（2006）等的研究结果表明，自发成核的总质量是相当惊人的，常常是加入籽晶生长总质量的 8～10 倍，因而体单晶的生长速度常常很低，达不到工业生产的要求。②对于具有足够大的正溶解度

温度系数（即 $\dfrac{\mathrm{d}S}{\mathrm{d}T}>0$）的晶体 A 而言，其情形则恰恰相反，即当反应腔中心附近的溶液达到了过饱和区时，而在其内壁附近的溶液则还没有达到过饱和区，因而只要原料溶解区与晶体生长区之间的温差和挡板的开孔率适宜（参见 3.4 节的相关内容），那么在晶体 A 水热法生长的整个过程中就不会出现自发成核生长的现象。因此，选择矿化剂的另一要求是：最好能使晶体 A 在高温高压条件下的矿化剂水热溶液中既具有适宜的、而又具有正的溶解度温度系数。所谓适宜的溶解度温度系数，是指它的大小既能保证晶体 A 在其水热法生长过程中具有足够大的生长速度和令人满意的生长质量，又能使新生长的晶体既不会受到溶液的溶解侵蚀，也不会产生自发成核生长等。此外，要引起足够重视的是，同一种晶体 A 在高温高压条件下的不同种类的矿化剂水热溶液中，其溶解度温度系数可能是正的，也可能是负的。研究表明，具有两性性质的同种晶体 A 在高温高压下的碱性矿化剂水热溶液中，其溶解度温度系数一般是正的，而在酸性矿化剂水热溶液中，其溶解度温度系数则一般是负的（详见后述）。

4）溶液的密度温度系数 $\left(\dfrac{\mathrm{d}\rho}{\mathrm{d}T}\right)$

在采用温差水热法生长晶体 A 的过程中，主要是通过溶液的对流来输运溶质和传输热量的，而溶液的对流又取决于原料溶解区与晶体生长区之间的温差以及溶液密度在高温高压条件下的温度系数 $\left(\dfrac{\mathrm{d}\rho}{\mathrm{d}T}\right)$ 的大小。显然，两区之间的温差越大，溶液的对流作用就越强；反之，其对流作用就越弱。此外，在晶体 A 的正温差水热法生长中，只有当原料溶解区溶液的密度（$\rho_{溶解}$）小于晶体生长区溶液的密度（$\rho_{结晶}$）时，溶液的浓度对流才有可能发生（密度大的溶液下沉，而密度小的溶液则上浮），晶体 A 也才有可能随之生长（参见 2.3.6 节中的相关内容）。因此，矿化剂选择的又一要求是：溶液不仅要具有足够大的密度温度系数，而且其大小还应随着温度的升高而降低，即应具有负的密度温度系数。

综上所述，在晶体 A 的正温差水热法生长中，矿化剂选择的基本原则可简要地归纳如下：晶体 A 在给定物理化学条件下的 A-B-H_2O 水热体系中应发生同成分溶解；应具有足够大的溶解度；应具有正的而又足够大的溶解度温度系数；应具有足够宽的过饱和的温度范围；溶液应具有负的而又足够大的密度温度系数等。此外，所选择的矿化剂还应具备下列条件：化学稳定性应尽可能好，纯度应尽可能高（或易于提纯），毒性应尽可能低，价格应尽可能便宜，采购运输要方便。

3. 矿化剂选择的络合物原则

众所周知，络合作用是物质在其溶解过程中最普遍、最重要的一种作用，而其水溶性的络合物（或络离子）则是溶质存在于水溶液中的一种最主要的形式。可以设想，如果络合物越稳定，那么晶体 A 在矿化剂水热溶液中的溶解度也就越大。因此，络合物的稳定性就是选择矿化剂的最主要依据之一。

从络合物（或称配位化合物，简称配合物）的化学性质可知，络合物的稳定性不仅取决于中心原子（或离子，下同）、配位原子的种类和性质以及配位体的碱度等内部因素，而且还取决于温度、压力、矿化剂水溶液的浓度、酸碱度和氧化-还原电位等外部因素，这为矿化剂的具体选择提供了一系列重要依据。众所周知，任何事物的性质及其发展变化都是由内因和外因决定的，而内因又起着决定性的作用。下面从中心原子和配位原子的种类和性质以及配位体的碱度三个内部因素来阐述矿化剂的选择问题。

1）依据中心原子的矿化剂选择

根据络合物中心原子的电子构型可将离子分为三种类型：①A 类离子，其最外层电子数为 2 或 8 的离子；②B 类离子，其最外层电子数为 18（18 电子构型）的离子或次外层电子数为 18、最外层电子数为 2（即 18＋2 电子构型）的离子；③C 类离子，其最外层电子数为 9～17 的离子。

根据络合物稳定的"软硬酸碱规则"（所谓软和硬，主要是指离子的变形性：软者，其离子较易变形；而硬者，其离子则较难变形。所谓酸和碱，指的是路易斯酸和碱：酸者，是可接受孤对电子的物质；而碱者，则是可提供孤对电子的物质），不同电子构型的中心原子与其配合的离子有下列关系。

（1）A 类离子：其正电荷比较低，离子半径比较大，极化率和变形性均比较小，它们属于硬酸类离子（可接受孤对电子的离子，如金属阳离子 M^{n+}），因而最容易与属于硬碱类的离子（可提供孤对电子的离子，如 F^-、OH^-、O^{2-} 等）配合；而中心离子的离子势越高，则其络合物的稳定性也就越大。

（2）B 类离子：它们属于软酸类（18 电子构型的阳离子）或接近软酸的交界酸类（18＋2 电子构型的阳离子），因而与属于软碱类的 S^{2-}、CN^- 等离子最容易配合，易形成共价性较强的键，其络合物的稳定性也就较高。

（3）C 类离子：它们属于处在硬酸类与软酸类间的交界酸类（9～17 电子构型的阳离子），若离子的正电荷越高，d 电子数越少，离子变形性越小，越接近 8 电子构型的离子，就越容易与 F^-、OH^-、O^{2-} 等离子配合；相反，变形性越大的离子，则越容易与 S^{2-}、CN^- 等离子配合。

图 2.11 是络合物形成体（或中心原子）分类图，未列入该图中的全部金属元素称为第一类络合物形成体；方框中的 Ru、Rh、Pd、Os、Ir、Pt、Ag、Au、Hg、Tl 等 10 个元素，称为第二类络合物形成体；方框以外的金属元素，称为中间型络合物形成体。第一类络合物形成体、第二类络合物形成体和中间型络合物形成体分别相当于上述的 A 类离子（或硬酸类离子）、B 类离子（或软酸类离

子）和 C 类离子（或交界酸类离子），它们最容易配合的离子及其络合物的稳定性都与上述相同。

$$
\begin{array}{ccccccc}
 & Mn & Fe & Co & Ni & Cu & \\
Mo & Tc & Ru & Rh & Pd & Ag & Cd \\
W & Re & Os & Ir & Pt & Au & Hg & Tl & Pb & Bi & Po
\end{array}
$$

图 2.11　络合物形成体（或中心原子）分类图

2）依据配位原子电负性的矿化剂选择

络合剂（或矿化剂）提供配位体，而在配位体中直接与中心原子配合的原子称为配位原子。对于络合物的稳定性而言，中心原子的离子类型与配位原子的电负性之间存在下列三种关系。

（1）对于 A 类离子，配位原子的电负性越大，其络合物的稳定性也越大，并有下列稳定性系列：

$N \gg P > As > Sb$

$O \gg S > Se > Te$

$F > Cl > Br > I$

（2）对于 B 类离子，配位原子的电负性越小，其络合物的稳定性越大，其稳定性系列如下：

$N \ll P$

$O \ll S \approx Se \approx Te$

$F \ll Cl < Br < I$

（3）对于 C 类离子，可依据它们接近 A 类离子或 B 类离子的程度来判断其络合物的稳定性，并从中选择合适的配位原子。

3）依据配位体碱度的矿化剂选择

根据路易斯酸碱理论，凡可接受孤对电子（EPA）的物质称为路易斯酸，而能提供孤对电子（EPD）的物质则称为路易斯碱。酸碱反应，实质上就是形成配位键而生成酸碱络合物（或 EPD-EPA 络合物）的反应，如下列反应：

$$H^+ + :OH^- \Longrightarrow H:OH \qquad\qquad (2.3)$$

（酸）　（碱）　（酸碱络合物）

金属阳离子 M^{n+} 与 H^+ 类似，它们都属于路易斯酸，都有与提供孤对电子的配位体 L（路易斯碱）相结合的趋势，而 L 的碱度（或起 EPD 作用的能力）越大，就越容易与中心原子配合，其络合物也就越稳定。如何衡量配位体 L 的碱性强弱呢？我们可将 L 看作是 HL 的酸式电离结果：

$$HL \Longrightarrow H^+ + L^- \qquad\qquad (2.4)$$

于是，$K_a = \dfrac{[H^+] \cdot [L^-]}{[HL]}$，$K_a$ 越大，L^- 的碱性越弱；反之，K_a 越小，L^- 的碱性就越强，就越容易与中心原子配合，其络合物也就越稳定。

4. 矿化剂选择实例

下面再列举两个实例，以对上述矿化剂的选择原则进行补充说明。

1）实例 1　合成红宝石晶体的矿化剂选择

合成红宝石晶体是合成彩色刚玉宝石（包括红、黄、蓝三大颜色系列的刚玉宝石）晶体中的重要品种，其晶体结构中的配位多面体为 [AlO₆]，其中心离子 Al^{3+} 的电子构型为 8，属于上述的 A 类离子（硬酸类离子）。根据络合物稳定的"软硬酸碱规则"，Al^{3+} 与 F^-、OH^-、O^{2-} 等离子（硬碱类离子）最容易配合，并形成六配位、八面体的络合离子。据此，其中 Al^{3+} 与 F^- 配合应当是最有利的，但 F^- 能与致色离子 Cr^{3+} 生成难溶化合物 CrF_3，必将严重影响 Cr^{3+} 的致色效果。因此，只能选择 OH^-。此外，自然界中有价值的红宝石矿床主要产于遭受变质的碳酸盐岩石中，因而最终选择了碱金属碳酸氢盐（$KHCO_3 + NaHCO_3$）作为混合的碱性矿化剂。本书作者在 $T = 420 \sim 525\,℃$、$p = 200\ \text{MPa}$ 的条件下，实验研究了红宝石晶体在混合的碱性矿化剂（$KHCO_3 + NaHCO_3$），总浓度为 2.0 mol/L 的三种混合溶液（1.8 mol/L $KHCO_3$ + 0.2 mol/L $NaHCO_3$、1.6 mol/L $KHCO_3$ + 0.4 mol/L $NaHCO_3$、1.4 mol/L $KHCO_3$ + 0.6 mol/L $NaHCO_3$）中的溶解度，结果如图 2.12 所示；其溶解度的对数（$\log S$）与温度的倒数（$\dfrac{1}{T}$）之间的关系为线性关系，如图 2.13 所示；采用最小二乘法对溶解度曲线进行拟合，其溶解度与温度的关系 $S(T)$ 如下：

对于 1.8 mol/L $KHCO_3$ + 0.2 mol/L $NaHCO_3$ 溶液：

$$S(T) = 13.9680 + 1.2283 \times 10^{-1}(T - 475) + 3.3565 \times 10^{-4}(T - 475)^2 \qquad (2.5)$$

对于 1.6 mol/L $KHCO_3$ + 0.4 mol/L $NaHCO_3$ 溶液：

$$S(T) = 14.6830 + 1.1711 \times 10^{-1}(T - 475) + 4.3434 \times 10^{-4}(T - 475)^2 \qquad (2.6)$$

对于 1.4 mol/L $KHCO_3$ + 0.6 mol/L $NaHCO_3$ 溶液：

$$S(T) = 14.1508 + 1.1354 \times 10^{-1}(T - 475) + 2.6031 \times 10^{-4}(T - 475)^2 \qquad (2.7)$$

上述实验结果表明，水热法合成红宝石晶体在高温高压条件下和在所选择的、混合的碱性矿化剂（$KHCO_3 + NaHCO_3$）的水热溶液中，具有较大的溶解度和正且较大的溶解度温度系数，完全适合于采用正的温差水热法进行合成红宝石晶体的生长。

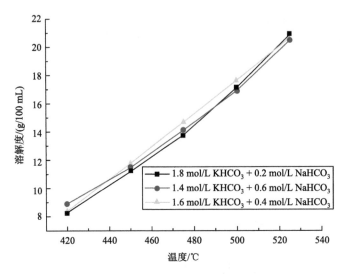

图 2.12　红宝石晶体在 $KHCO_3 + NaHCO_3$ 混合矿化剂溶液中的溶解度-温度曲线
（ $p = 200$ MPa）

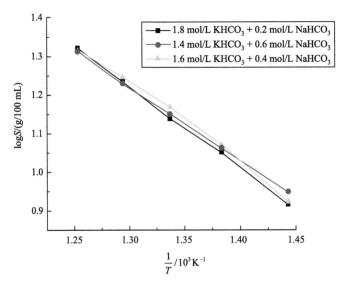

图 2.13　红宝石晶体在 $KHCO_3 + NaHCO_3$ 混合矿化剂溶液中的溶解度对数与温度倒数的关系
（ $p = 200$ MPa）

2）实例 2　磷酸氧钛钾晶体的矿化剂选择

磷酸氧钛钾（$KTiOPO_4$，简写为 KTP）晶体的结构特点是：其晶格构造是由畸变八面体的[TiO_6]和四面体的[PO_4]构成的，且它们在三维空间交替连接而构成螺旋链，形成了…[PO_4]—[TiO_6]—[PO_4]—[TiO_6]…阵列。KTP 晶体的非线性光学性质则起源于畸变八面体的[TiO$_6$]，该八面体中的短键具有很强的共价键性质，在 Ti 与 O 之间的键合区，Ti^{4+}具有低能量的 3d 轨道易于电荷转移，故对外来的激光场十分敏感。从 KTP 晶体的晶体化学特征来看，畸变八面体的[TiO$_6$]也是决定该晶体在高温高压条件下的矿化剂水溶液中的溶解特性及其溶解度大小的关键因素。Ti 是一种价层电子结构为 3d^{2}4s^2 的过渡金属元素，其 Ti^{4+}的最外层电子构型为 3s^{2}3p^6（即 8 电子构型），属于离子电荷高（$Z=4$）、d 电子数少（d 电子数为 0）、离子变形性小的硬酸类离子。因此，按照络合物稳定的"软硬酸碱规则"，Ti^{4+}与属于硬碱类的 F$^-$、OH$^-$、O^{2-}等离子的配合是最容易的。此外，Ti^{4+}存在低能量的 3d 空轨道，可以接受属于硬碱类离子的 F$^-$等提供的孤对电子而形成八面体的配位阴离子[TiF$_6$]$^{2-}$，其稳定性比同周期左侧的 8 电子构型离子的配位离子的稳定性更大。因此，根据中心原子 Ti 的电子构型特点，选择 F$^-$为配位离子是合理的，也是最有利的。其次，根据鲍林提供的元素电负性数据：F 和 O 的电负性分别为 3.98 和 3.44，F 比 O 大了 0.54，按照配位原子电负性大小选择矿化剂的原则，对于 Ti^{4+}来说，F 比 O 能够形成更稳定的络合物（或配位化合物）。最后，根据关系式 $\Delta G = -RT\ln K$ 和 ΔH（焓）求得的氢卤酸电离平衡常数（K_a）如下：

氢卤酸	HF	HCl	HBr	HI
K_a	10^{-3}	10^8	10^{10}	10^{11}

由上列数据可见，HF 是氢卤酸中最弱的酸，因而它所提供的配位体（配位离子）的碱性是最强的；Ti^{4+}与 F$^-$形成络阴离子[TiF$_6$]$^{2-}$是比较容易的，也是比较稳定的。

综上所述，F$^-$是 Ti^{4+}在形成络合物时最合适的配位离子。依据配合作用的平衡移动原理，配位离子的浓度越高，其稳定性就越大，浓度也就越高（即 KTP 晶体的溶解度越大）。因此，最好选择水溶性好的氟化物为矿化剂，如碱金属的氟化物 KF、NaF 及 NH$_4$F 等。

Jia 等（1986）在温度（T）为 370～420℃、填充度（f）恒定为 72%、矿化剂 KF 溶液的浓度分别为 1 mol/L、2 mol/L、3 mol/L 和 4 mol/L 的条件下，测定了 KTP 晶体的溶解度，其结果如图 2.14 所示，其溶解度对数与热力学温度倒数之间的关系如图 2.15 所示。实测溶解度的数据表明，KTP 在矿化剂 KF 水溶液的浓度为 3 mol/L、温度（T）为 400～420℃、压力（p）约相当于 98 MPa（$f=72\%$）的条件下，其溶解度可达到 2.2～2.6 g/100 mL，其温度系数大于 0.15 g/(100 mL·10℃)。由此可见，KTP 晶体在类似于人工水晶水热法生长的温度、压力条件下以及在浓度为 3 mol/L 的矿化剂 KF 水溶液中具有比较大的溶解度及温度系数，完全满足采用正的温差水热法进行 KTP 晶体生长的技术要求。

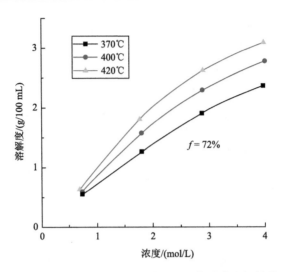

图 2.14　在固定的填充度下，KTP 的溶解度与温度及矿化剂浓度之间的关系（Jia et al.，1986）

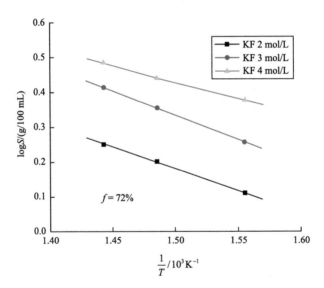

图 2.15　在 72%的填充度及不同浓度的溶液中，KTP 溶解度对数与热力学温度倒数之间的关系
（Jia et al.，1986）

　　Ti 是一种可变价的过渡金属元素，最常见的有 Ti^{3+}和 Ti^{4+}两种离子。从 $E^{\ominus}_{Ti^{4+}/Ti^{3+}} = 0.1$ V（在酸性溶液中）来看，其价态的变化是易于发生的。因此，当 KTP 晶体进行水热溶解或水热法生长时，必须防止 Ti^{4+}被还原为 Ti^{3+}。因此，可以在 KTP 晶体的水热溶解或水热生长体系中加入适量的过氧化氢（H$_2$O$_2$），H$_2$O$_2$ 在酸性溶液中是一种强氧化剂，$E^{\ominus}_{H_2O_2/H_2O} = +1.77$V （在酸性溶液中），足以保证

Ti^{4+} 不被还原为 Ti^{3+}。

在此需要再次强调，根据上述络合物稳定的"软硬酸碱规则"而选择的矿化剂是否合适，还需通过实验来检验，这是因为络合物的稳定性还与温度、压力、矿化剂水溶液浓度、溶液酸碱度及其氧化-还原能力等外部环境因素密切相关。因此，必须通过实验进一步确认，即当合成宝石晶体在给定物理化学条件下的 A-B-H_2O 水热体系中的溶解度与上述矿化剂选择的络合物原则基本吻合时，才能确认所选择的矿化剂是合理的；否则，就是不合理的，需要重新选择，并通过实验重新确认。就一般情况而言，可将这部分具体实验称为对于矿化剂选择的实验筛选。之后，还需要通过实验来确定所选择的矿化剂既适宜于晶体水热溶解，又适宜于晶体水热生长的温度、压力和矿化剂浓度等物理化学条件，可将这部分工作称为对于矿化剂最佳匹配条件的实验确定。至此，矿化剂的选择才算完成。

5. 溶解度的影响因素

晶体 A 在 A-B-H_2O 水热体系中溶解度的主要影响因素是温度、压力、矿化剂种类及浓度等，本小节将着重阐述它们对溶解度的影响作用。

1）温度与溶解度

在晶体 A 发生同成分溶解的前提下，当其他条件（如压力、矿化剂种类及浓度、Eh、pH 等物理化学条件）固定不变时，温度的变化对其溶解度的变化具有很大的影响，如对于溶解特性为吸热溶解反应的晶体来说，其溶解度随着温度的升高而明显增大；而对于溶解特性为放热溶解反应的晶体而言，其溶解度则随着温度的降低而明显增大。晶体 A 的溶解度与温度的这种内在联系，可用下列阿伦尼乌斯（Arrhenius）方程来表述：

$$\log S = -\frac{\Delta H}{2.303RT} + A \qquad (2.8)$$

式中，S——溶解度，g/L；

　　ΔH——溶解热，J/mol；

　　R——气体常数，8.314 J/(mol·K)；

　　T——热力学温度，K；

　　A——特定反应的常数。

从式（2.8）中可以看出，当其他物理化学条件固定不变时，晶体 A 溶解度的对数（$\log S$）与温度的倒数（$\frac{1}{T}$）呈简单的线性关系，并可将式（2.8）改写为下列的式（2.9）：

$$\log S = -\frac{a}{T} + b \qquad (2.9)$$

式中，a 和 b 均为常数。

在式（2.8）中，当 $\Delta H < 0$ 时，溶解反应是放热反应，其溶解度随着温度的升高而降低，其溶解度温度系数为负值；而当 $\Delta H > 0$ 时，则其溶解反应为吸热反应，其溶解度随着温度的升高而提高，其溶解度温度系数为正值。

如前所述，本书作者在温度 $T = 420 \sim 525℃$ 的范围内和压力 $p = 200\,MPa$ 的条件下，具体地测试研究了焰熔法合成红宝石晶体在 $1.8 \sim 1.4\,mol/L\ KHCO_3 + 0.2 \sim 0.6\,mol/L\ NaHCO_3$ 的混合矿化剂溶液中的溶解度与温度之间的关系，其结果如图 2.12 所示；而溶解度的对数（$\log S$）与温度的倒数（$\frac{1}{T}$）之间的关系见图 2.13。

由图 2.13 可见，$\log S$ 与 $\frac{1}{T}$ 之间呈简单的线性关系；换句话说，当其他物理化学条件固定不变时，合成红宝石晶体的溶解度与热力学温度之间的关系完全符合式（2.9）。

陈振强等（2003）测试研究了水热法合成祖母绿晶体在当量浓度为 $2.2\,N$[①]的 H_2SO_4 酸性矿化剂水溶液中以及在填充度（f）为 60% 的条件下的溶解度与温度的关系，其结果如图 2.16 所示。从图 2.16 中可以看到，水热法合成祖母绿晶体的溶解度随着温度的升高而线性地增大。

2）压力与溶解度

在 2.2.1 节中，已较详细地介绍了 Kennedy（1950b）所做的石英晶体在高温高压条件下纯水中的溶解度的实验结果（图 2.8），并论述了溶解度与水热溶解-结晶体系的相状态、温度和压力等的密切关系，但需要强调指出的是，只有当溶解温度（$T_{溶解}$）大于水的临界温度（T_c）时，压力对溶解度的影响才表现得比较明显。例如，当石英晶体水热体系的溶解温度（$T_{溶解}$）大于水的临界温度（T_c），且其体系的压力 $p > 75\,MPa$ 时，其溶解度将随着溶解温度和压力的升高而明显地提高；温度越高，压力越大，溶解度提高的幅度也就越大；而当体系的溶解温度（$T_{溶解}$）小于水的临界温度（T_c）且其体系的压力 $p \leqslant 60\,MPa$ 时，其溶解度则将随着溶解温度的升高和压力的降低而明显地降低；当温度保持不变时，压力越低，溶解度降低的幅度也就越大。

当对上述的溶解度、溶解温度和压力之间的关系进行深入的剖析时，我们就可以清楚地看到，压力对溶解度的影响主要是通过在高温高压条件下的矿化剂水热溶液的密度变化而起作用的。具体地说就是当晶体 A 水热溶解-结晶体系中的

---

① $1N = （1\,mol/L）\div 离子价数$。

压力变化对其溶液密度变化的影响越大时，该体系中的压力变化对晶体 A 溶解度变化的影响就越大；反之，其影响也就越小。例如，在溶解温度（$T_{溶解}$）大于水的临界温度（T_c）的石英＋气相区（图 2.8），压力的变化对溶解度变化的影响如此之大的根本原因在于气相溶液既很容易被膨胀，也很容易被压缩，因而该体系中的压力变化会对气相溶液的密度变化产生很大的影响。然而，在晶体 A 水热溶解-结晶体系中，液相溶液既不容易被压缩，也不容易被膨胀，因而体系中的压力的变化对其密度变化的影响较小。在临界温度以下的液相区，溶解度虽也随着压力的升高而升高，但升高的幅度较小。一般来说，上述实验研究结果对于不含挥发性组分的水热溶解-结晶体系来说是正确的。但是，当有挥发性组分掺入水热反应时，压力的升高将使水热溶解反应朝着挥发性组分体积减小的方向移动。

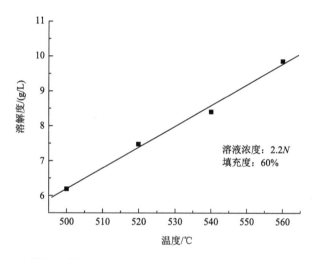

图 2.16　水热法合成祖母绿晶体溶解度和温度的关系（陈振强等，2003）

3）矿化剂种类与溶解度

在 2.2.3 节中，已论述了矿化剂选择的基本原则，并根据络合物稳定的"软硬酸碱规则"比较详细地阐述了中心元素的离子类型、配位原子的电负性和配位体的碱度等矿化剂选择的络合物原则，这些就足以说明矿化剂种类对晶体 A 在 A-B-H_2O 水热体系中的溶解特性及其溶解度大小的影响作用是很大的，至于矿化剂种类与溶解度的具体关系可参见 2.3.5 节中的相关内容，此处不予赘述。

4）矿化剂浓度与溶解度

在高温高压条件下的同一种，但浓度不同的矿化剂溶液中，晶体 A 的溶解度也是不同的。一般来说，当其他物理化学条件固定不变，仅考察矿化剂浓度与溶解度大小之间的关系时，将会出现下列两种情况：①溶解度将在一定的范围内随着矿化剂浓度的增大而单值地增大；②当矿化剂达到某一浓度后，其溶解度将不再随着矿化剂浓度的增大而增大，即已达到饱和溶解。例如，陈振强等（2003）在温度（T）为 500℃和初始填充度（f）为 60%的条件下以及在矿化剂（H_2SO_4）的初始当量浓度分别为 0.5 N、1.0 N、1.6 N、2.2 N、3.3 N、5.0 N、8.0 N 的水溶液中分别测试研究了水热法合成祖母绿晶体的溶解度，其结果如图 2.17 所示。从图 2.17 中可以看到，以 2.2 N H_2SO_4 浓度为分界点，水热法合成祖母绿晶体的溶解度随着矿化剂 H_2SO_4 浓度的增大而增大的速度是不同的：在 H_2SO_4 浓度为 0.5～2.2 N，溶解度随着矿化剂 H_2SO_4 浓度的增大而增大的速度很快，即溶解度-矿化剂浓度曲线很陡；而在 H_2SO_4 浓度为 2.2～8.0 N，溶解度随着矿化剂 H_2SO_4 浓度的增大而增大的速度非常缓慢，即溶解度-矿化剂浓度的曲线非常平缓。后一种情况表明，水热法合成祖母绿晶体在上述条件下的溶解已非常接近饱和溶解，即溶解作用与结晶作用非常接近于动态平衡。只有在升高温度和压力的条件下，上述这种溶解与结晶之间的动态平衡才会被打破，并朝着新的动态平衡点移动。因此，当温度、压力恒定时，单纯地依靠增大矿化剂浓度是不可能打破溶解与结晶之间的动态平衡的。

对于上述第一种情况，可作如下解释。

随着矿化剂浓度的增大，溶液的离子强度（I）也随之增大。离子强度的计算公式如下：

$$I = \frac{1}{2}\sum(c_i \cdot z_i^2) \tag{2.10}$$

式中，c_i——溶液中第 i 种离子的质量摩尔浓度，mol/kg；

z_i——溶液中第 i 种离子的电荷数。

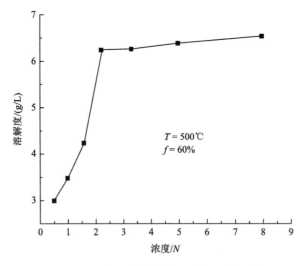

图 2.17 祖母绿溶解度与溶剂浓度的关系（陈振强等，2003）

研究结果表明，溶液中的离子强度（I）与离子的活度系数（γ）之间的近似关系式可由下式表述：

$$-\log\gamma = 0.509z^+ \cdot z^- \frac{\sqrt{I}}{\sqrt{1+I}} \qquad (2.11)$$

式中，z^+ 和 z^- 分别是溶液中正离子和负离子的电荷数的绝对值。

离子的活度系数（γ）与离子强度（I）之间的关系如表 2.2 所列。从表中所列数据可以清楚地看出：①当离子的电荷数相同时，离子的活度系数将随着离子强度的增大而减小，其减小的速度基本上是均匀的；②当离子强度相同时，离子的活度系数将随着离子的电荷数的增大而减小，且离子强度越大，低价态离子的 γ 值与高价态离子的 γ 值之间的差值也就越大。上述这些规律性的变化对晶体 A 在高温高压条件下的矿化剂水溶液中的溶解度具有相当大的影响：矿化剂的浓度越高，溶液的离子强度就越大，已被溶解的并存在于溶液中的离子的活度系数就越小，也就是离子的活度或离子的有效浓度就越小，因而离子进入晶格格位而重新结晶生长的概率就变小了。于是，在晶体 A 的水热体系中，溶解-结晶这一动态平衡就朝着溶解的方向移动，使其溶解度增大。显然，因为上述这种离子强度的增大，溶解度增大的效应对于高价态离子来说更加明显。因此，在测试研究溶解度的工作中对此要高度重视。

表 2.2　离子的 γ 和 I 的关系

$I/(\text{mol/kg})$	γ			
	$z=1$	$z=2$	$z=3$	$z=4$
1×10^{-4}	0.99	0.95	0.90	0.83
2×10^{-4}	0.98	0.94	0.87	0.77
5×10^{-4}	0.97	0.90	0.80	0.67
1×10^{-3}	0.96	0.86	0.73	0.56
2×10^{-3}	0.95	0.81	0.64	0.45
5×10^{-3}	0.92	0.72	0.51	0.30
1×10^{-2}	0.89	0.63	0.39	0.19
2×10^{-2}	0.87	0.57	0.28	0.12
5×10^{-2}	0.81	0.44	0.15	0.04
0.1	0.78	0.33	0.08	0.01
0.2	0.70	0.24	0.04	0.003
0.3	0.66	—	—	—
0.5	0.62	—	—	—

2.2.4　合成宝石晶体在水热体系中的相平衡

1. 概述

如前所述，从热力学的观点来看，可将合成宝石晶体在 A-B-H_2O 水热体系中的生长过程视为在给定的物理化学条件下的溶质-矿化剂水热溶液中的结晶相与溶液相之间发生的一种相变过程。由此可见，待生长晶体在这类水热体系中的相平衡就成为合成宝石晶体水热法生长的一个关键问题，必须深入系统地进行实验研究。

众所周知，相平衡主要是根据热力学原理来研究封闭的、多组分的、多相体系中的各个相之间的相互关系及其平衡状态（包括相的个数、每个相的组成及其相对含量、相与相之间的相互关系等）随平衡因素（如温度、压力、组分及其浓度等）的变化而变化的规律。所谓相平衡，指的是在一个封闭的、多组分的多相体系中，当每一个相在给定的平衡条件下的生成速度与其消失速度相等时，宏观上再没有任何物质和热量在相与相之间进行传递，体系中的相数及每一个相的数量也都不随时间而变化的一种平衡状态。相律和相图是研究封闭的、多组分的、多相体系中相平衡的最有力武器。相律揭示了在平衡的、封闭的、多组分的、多相体系中的相数（Φ）、独立组分数（K）、独立强度变量数（或称自由度，F）之间的关系，并可用下列数学公式来表述这种关系：

$$F = K + 2 - \Phi \tag{2.12}$$

式中，2 表示温度和压力两个强度变量，并设定它们在整个平衡的、封闭的、多组分的多相体系中都是均匀一致的。

相图，是将平衡的、封闭的、多组分的、多相体系的物相状态与温度、压力和组分浓度等强度变量之间的平衡关系确切地表现出来的一种图示。相图在合成宝石晶体和人工功能晶体水热法生长的实验与开发研究中起着非常重要的指导作用，因为只有掌握了晶体 A 在给定的 A-B-H_2O 水热体系中和给定的物理化学条件下的物相状态与其强度参变量之间的平衡关系，才能很好地控制该体系朝着所预期的方向变化发展。具体地说，只有查明了待生长合成宝石晶体在给定的、封闭的、多组分的、多相水热体系中的相平衡关系，才有可能查明该晶体作为唯一晶相而稳定存在的物理化学条件及其范围，选择最佳匹配的生长参数，使晶体生长具有所期望的质量和速度，提高原料的转换效率及其经济效益。因此，实验研究在给定物理化学条件下的 A-B-H_2O 水热体系中的相平衡对于合成宝石晶体的水热法生长来说，是一项至关重要的、不可或缺的基础性研究工作，具有非常重要的意义。但遗憾的是，现已公开发表的合成宝石晶体在水热体系中的相平衡及其相图等的文献资料实在是太少了。下面列举的几个实例是具有代表性的，它们分别是具有相转变的 Al_2O_3-H_2O 体系（实际上应为 Al_2O_3-Na_2CO_3-H_2O 体系），具有轻、重溶液相分离的 SiO_2-Na_2O-H_2O 体系，以及具有矿化剂构成晶相主要成分的 KPO_3-TiO_2-H_2O 体系。上述这三个体系的相平衡及其相图既具有共同的规律，又具有各自的特点。本节将以上述三个体系为例来阐述合成宝石晶体水热体系中的相平衡及其相关的一些主要问题，以便更好地将相平衡、相律和相图等应用于晶体的水热法生长之中。

2. Al_2O_3-H_2O 体系相图

图 2.18 为 Al_2O_3-H_2O 体系在 Na_2CO_3 水溶液中的相图。由图 2.18 可知，在低压条件下，首先出现的平衡的晶相是三水铝石（gibbsite），其化学式为 $Al(OH)_3$。随着温度的升高依次转变为软水铝石（boehmite）和硬水铝石（diaspore），两者的化学式都是 $AlO(OH)$，最后是刚玉（corundum），化学式为 α-Al_2O_3。由此可见，晶相随平衡条件变化而发生相转变是该体系相平衡中的一个基本特征，并且可将其归纳总结为以下四个特点：

（1）上述这些相转变是由脱水作用和同质多象转变作用而完成的，可表示如下：

$$Al(OH)_3 \xrightarrow{\text{脱水作用}} AlO(OH) \xrightarrow{\text{同质多象转变}} AlO(OH) \xrightarrow{\text{脱水作用}} \alpha\text{-}Al_2O_3$$

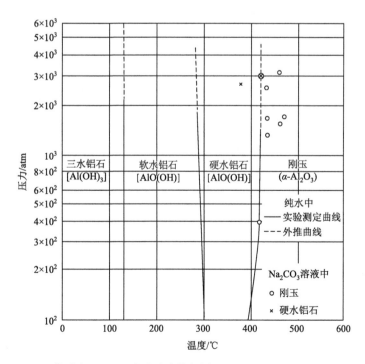

图 2.18　Al_2O_3-H_2O 体系在 Na_2CO_3 水溶液中的相图（Laudise et al.，1958；Laudise，1970）

（2）压力对上述这些相转变的影响很小（图中的相平衡线与压力坐标轴基本平行），而温度的影响则是显著的，即随着温度的升高，在特定的温度下依次产生下列相转变：三水铝石→软水铝石→硬水铝石→刚玉。

（3）随着上述相转变的产生，晶相的密度和硬度也发生相应的变化，即密度和硬度均随着脱水作用和同质多象转变的进行而渐次增大，如表2.3所列。

表2.3　在 Al_2O_3-H_2O 体系相图中固体晶相的密度和硬度的变化表（李旺兴，2010）

	三水铝石	软水铝石	硬水铝石	刚玉
密度/(g/cm³)	2.42	3.01	3.44	4.02
莫氏硬度	2.5~3.5	3.5~4	6.5~7	9

（4）在温度(T)＞420℃、压力(p)＞60 MPa 的条件下，刚玉是稳定地存在于 Na_2CO_3 水热溶液中的唯一晶相。

此外，研究结果表明：三水铝石在高压（400 MPa）条件下将随着温度的升高而直接转变为硬水铝石，而不经过中间产物软水铝石，因而软水铝石是三水铝石在低压下转变为硬水铝石时出现的一个介稳相，而不是一个稳定相（李旺兴，2010）。但软水铝石在低压下转变为硬水铝石的速度非常缓慢，故在 Al_2O_3-H_2O 相图上仍然标出了软水铝石的介稳区。在此需要强调的是，因 Al_2O_3-H_2O 体系相图是在 Na_2CO_3 水溶液中测试研究的，故从严格意义上来说该体系应当是 Al_2O_3-Na_2CO_3-H_2O 体系，而不是 Al_2O_3-H_2O 体系。然而，上述晶相之间的相转变基本与矿化剂 Na_2CO_3 水溶液及其浓度无关，而仅依赖于温度的变化，因而 Al_2O_3-H_2O 体系相图就基本上表示了 Al_2O_3-Na_2CO_3-H_2O 体系相平衡的特点。对于合成彩色刚玉宝石晶体水热法生长的实际应用来说，不仅要在刚玉宝石晶体作为唯一晶相而稳定存在的相区内（即 T＞420℃、p＞60 MPa 的区域内），而且要在给定的物理化学条件下深入系统地测试研究 Al_2O_3-Na_2CO_3-H_2O 体系中的物相状态和 p-V-T 特性，以及合成刚玉宝石晶体的溶解度与温度、压力和矿化剂水溶液浓度等的关系，以便合理地选择生长参数和确立最佳匹配的生长条件。由此可见，最终需要实验研究的不是 Al_2O_3-H_2O 体系，而是 Al_2O_3-Na_2CO_3-H_2O 或 Al_2O_3-Na_2CO_3+$KHCO_3$-H_2O 体系，即 A-B-H_2O 水热体系。

3. SiO_2-Na_2O-H_2O 体系相图

Tuttle 等（1948）在小型高压釜中研究了 SiO_2-Na_2O-H_2O 体系在300℃、350℃的相平衡关系，图2.19为该体系在350℃下的相图。由图2.19可见，石英晶体作为唯一的固体晶相而稳定存在的区域有石英＋溶液 H_2O-A、石英＋溶液 A 及 C

和石英＋溶液 C-E 三个相区。其中，以石英＋溶液 A 及 C 相区的面积最大。因此，从实际工作来考虑，人工水晶水热法生长最好选择在石英＋溶液 A 及 C 区域内进行。

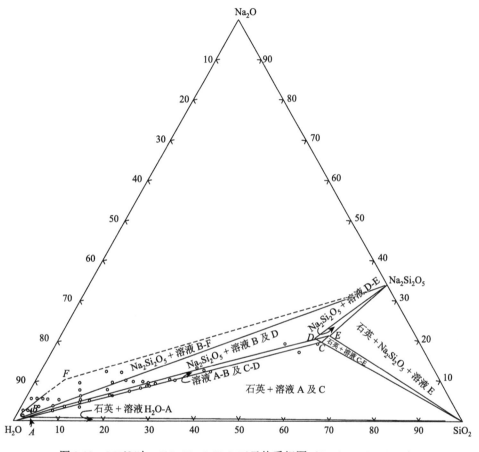

图 2.19　350℃时，SiO₂-Na₂O-H₂O 三元体系相图（Tuttle et al.，1948）

结果表明，在石英＋溶液 A 及 C 区域内与石英晶体平衡共存的流体相有两种：一种是化学组成相当于图 2.19 中 A 点的化学组成的液相溶液（或气相溶液），另一种是化学成分相当于图 2.19 中 C 点的化学组成的液相溶液。前者分布在高压釜反应腔的上部，称为轻相溶液；而后者沉积于反应腔底部熔炼石英碎块原料之间的空隙处，称为重相溶液（当高压釜随炉冷却至室温后，可见到该重相溶液与熔炼石英碎块原料一起结成硬块）。上述两种溶液的化学成分如表 2.4 所列。

表 2.4　350℃时的 SiO_2-Na_2O-H_2O 体系中平衡液相的成分（仲维卓，1994）

流体相	原始溶液			轻相溶液			重相溶液		
化学成分	SiO_2	Na_2O	H_2O	SiO_2	Na_2O	H_2O	SiO_2	Na_2O	H_2O
占比/%	36.1	12.6	51.3	12.1	4.5	83.4	55.4	20.1	24.5

　　仲维卓（1994）认为上述这种结块大多是在下列几种情况中发生的：①提高矿化剂浓度，有利于高压釜反应腔底部结块的形成。表 2.5 所列数据表明，底部结块质量是随着矿化剂 NaOH 浓度的提高而增加的。因此，只有降低矿化剂 NaOH 的浓度，才能减少反应腔底部的结块质量，以有利于人工水晶的生长。②当 SiO_2-Na_2O-H_2O 体系中的压力较低时，有利于底部结块的形成。例如，在实验过程中，当高压釜发生漏气或漏到一定程度后又自行密封时，反应腔内压力就骤然降低。实验结果表明，当温度和矿化剂浓度一定时，升高压力可使石英溶解度明显提高。因此，当体系中的压力骤然降低时，溶液中的 SiO_2 含量就必然升高，易于形成胶体分子团而沉淀于反应腔的底部，形成结块。③反应腔内原料溶解区的温度因高压釜釜体底部散热过大而分布不均匀，相对于较热的原料溶解区来说，在较冷的底部原料溶解区中的 SiO_2 含量过高，因而易于形成底部结块。④在停炉降温过程中，反应腔上部晶体生长区的热量不能及时散失而使原料溶解区的温度相对变低，这种情况也容易使底部溶液中的 SiO_2 含量相对提高而形成结块。由上述可知，反应腔底部结块的形成主要是由于溶液中过量的 SiO_2 来不及晶出而形成胶体分子团（可能是含钠的胶体分子 $Na_2O·SiO_2·nH_2O$），它捕获杂质和本身自重的作用，使这些胶体分子沉积在反应腔的底部，并与熔炼石英混合在一起而形成结块。当对上述底部结块形成的 4 种情况进行分析时，可认为上述②、③、④三种情况与操作不当有关，应当是可以避免的；而①则与体系本身紧密关联，是不可避免的。表 2.5 所列数据也证明了这一点，即使矿化剂 NaOH 的当量浓度降低到了 0.25 N，底部结块仍然可以形成。

表 2.5　熔炼石英结块成分分析（仲维卓，1994）

实验编号	项目	NaOH 溶液总浓度/N		
		1	0.5	0.25
508	结块总质量/g	47.3	39.5	46.9
	不溶残渣质量/g	39.6	38.5	46.2
	以上两项差值（液相质量）/g	7.7	1.0	0.7
514	结块总质量/g	41.46	39.33	40.37
	不溶残渣质量/g	33.69	38.90	39.42
	以上两项差值（液相质量）/g	7.77	0.43	0.95

综上所述，在适宜于人工水晶水热法生长的物理化学条件（如温度、压力或填充度、矿化剂及其浓度等）下，当 SiO_2-Na_2O-H_2O 体系处于平衡时，体系中与石英平衡共存的流体相有轻、重两种溶液相，这是该体系相平衡中的一个最重要的特征，对人工水晶的水热法生长产生很大的影响。但必须看到，这两种平衡共存的轻、重溶液相是由它们相互溶解的有限性及其重力分离作用而产生的。

4. KPO_3-TiO_2-H_2O 体系相图

Laudise 等（1986）按照 KTP 晶体在高温高压条件下的矿化剂水热溶液中无明显分解现象且其溶解度在 1% 以上等准则，首先实验筛选出了矿化剂 KH_2PO_4，并按照下列化学反应式生成磷酸氧钛钾（KTP）晶体：

$$KH_2PO_4 + TiO_2 \Longrightarrow KTiOPO_4 + H_2O \qquad (2.13)$$

他们在外加热、外加压的塔特尔型高压釜和铂金胶囊管里，选取浓度为 $1 \sim 3\ mol/L$ K_2HPO_4 矿化剂溶液中进行了磷酸氧钛钾晶体的相图研究，并依据实验结果构建了三元体系 KPO_3-TiO_2-H_2O 相图，如图 2.20 所示。图 2.20 显示的仅是三元系 KPO_3-TiO_2-H_2O 相图的富水部分，沿 A—H_2O 线上的每一个点，其摩尔比为 $KPO_3/TiO_2 = 1$，与 KTP 晶体中相应的摩尔比相同。图 2.20 中的箭头 1、2、3 表示的边界说明如下：①箭头 1 所处的 E—C—G 线上 $KPO_3/(KPO_3 + TiO_2)$ 的摩尔比约为 0.65，C—G 线为 600℃时 KTP 与 KTP + α 相区的边界；而 E—C—G 线则为 500℃时的边界，两者重合。②箭头 2 所处的 D—A 线上 $KPO_3/(KPO_3 + TiO_2)$ 的摩尔比为 0.5，该线为 600℃时 KTP 与 KTP + TiO_2（锐钛矿）相区的边界。③箭头 3

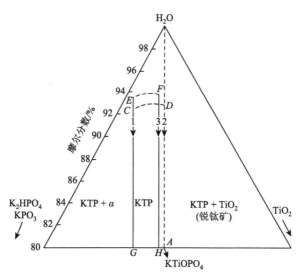

图 2.20　在 500℃、600℃及压力约 69 MPa 条件下，KPO_3-TiO_2-H_2O 体系在 1 mol/L K_2HPO_4 溶液中的富水部分示意图（Laudise et al., 1986）

所处的 F—H 线上 $KPO_3/(KPO_3 + TiO_2)$ 的摩尔比约为 0.58，与 D—A 线靠近，代表 500℃时 KTP 与 KTP + TiO_2（锐钛矿）相区的边界。另外，图中 C—D 线为 600℃时 KTP 的溶解度曲线，与 A—D—H_2O 线相交，说明此时 KTP 为同成分饱和；而 E—F 线则为 500℃时溶解度曲线，它不与 A—D—H_2O 线相交，代表此时 KTP 为非同成分溶解。

　　通过相图分析可知，600℃时 KTP 的溶解度不仅大，而且为同成分溶解，单相区（$CDAG$）也宽；而 500℃时溶解度小，单相区（$EFHG$）也窄，并且还是非同成分溶解。

　　综上所述，KTP 晶体在 1 mol/L 的 K_2HPO_4 矿化剂水溶液中，当 $T \geqslant 500℃$ 和 $p \geqslant 69$ MPa 时是有可能进行水热法生长的。该体系的特点是：①构成体系的组分，都是可独立存在的化学组分，而没有待生长的固体晶相，这种待生长的固体晶相可在体系中形成并可稳定地存在于一定的物理化学条件下，这与前面的 Al_2O_3-Na_2CO_3-H_2O、SiO_2-Na_2O-H_2O 等三元体系是有差别的。②K_2HPO_4 既是矿化剂，又是构成 $KTiOPO_4$ 的主要化学成分，这与 Al_2O_3-Na_2CO_3-H_2O、SiO_2-Na_2O-H_2O 等三元体系是有区别的，后两者中的矿化剂 Na_2CO_3 和 Na_2O（实际上应为 NaOH）仅仅起矿化剂的作用，而不是构成固体晶相的化学成分。应当指出的是，测试研究 KPO_3-TiO_2-H_2O 体系相图的主要目的是查明 KTP 作为唯一固体晶相而稳定存在的温度、压力和矿化剂浓度等范围。但是，为了采用温差水热法优质快速地生长 KTP 晶体，就必须在平衡的、封闭的 KTP-K_2HPO_4-H_2O 体系中实验研究它的相状态、p-V-T 特性以及 KTP 在该平衡体系中的溶解度等。因此，从 KTP 晶体水热法生长的实际需要来说，最终要实验研究的体系仍然是 KTP-K_2HPO_4-H_2O 体系，即 A-B-H_2O 水热体系。

　　在本节结束之前，需要着重指出以下两点：①本节所阐述的合成宝石晶体水热溶解-结晶体系（或 A-B-H_2O 水热体系）的相状态、p-V-T 特性以及合成宝石晶体在该水热体系中的溶解度和相平衡等，从晶体生长的角度来说，所回答的问题其实就是合成宝石晶体水热法生长"可不可能"的问题，而"究竟能不能"、晶体质量好不好、生长速度快不快等问题则没有回答，也不可能回答，这些问题只有在下一节关于动力学因素的论述中才能得到回答。动力学因素告诉我们：在 A-B-H_2O 水热体系中和在给定的物理化学条件下，只有当饱和的溶质-矿化剂水热溶液转变为过饱和溶液（即产生驱动力）且溶液对流、溶质输运和热量传输产生（即发生动力学过程）时，合成宝石晶体水热法生长才能真正进行和完成，才能真正将晶体生长的"可能性"变为晶体生长的"现实性"。因此，对合成宝石晶体水热法生长来说，热力学因素是必要条件，而动力学因素则是充分条件。②从晶体生长的实际工作考虑，应在给定的 A-B-H_2O 水热体系中和给定的温度、压力和水溶液浓度等条件下，统筹兼顾地实验研究合成宝石晶体的溶解度、相平衡以及该

体系的物相状态和 p-V-T 特性等。还需要进一步说明的是，在合成宝石晶体水热法生长中，相平衡实验研究的主要目的和任务是查明待生长晶体作为唯一晶相而稳定存在于 A-B-H_2O 水热体系中的温度、压力（或填充度）和水热溶液浓度等范围；而溶解度测试研究的主要内容是，待生长晶体在作为唯一晶相稳定存在的物理化学条件下发生同成分溶解，产生放热效应，从而获得溶解度及其温度系数、过饱和度及其温度范围等重要参数。不难看出，相平衡和溶解度的实验研究，两者相互契合或互为前提，因而可结合起来进行；同样，A-B-H_2O 水热体系的相状态和 p-V-T 特性，其实验研究内容也相互契合或互为前提，也可结合起来进行；但它们都要统筹兼顾地进行实验研究。

2.3　合成宝石晶体水热法生长中的动力学因素

2.3.1　概述

水热法合成晶体的动力学是研究晶体生长的各种因素对生长速度、生长质量的影响。在合成宝石晶体的水热法生长中，人们总是把尽可能好的生长质量、尽可能快的生长速度以及尽可能高的应用价值和经济效益作为研究开发的主要目的和任务，因而查明影响它们的重要因素就成为研究开发的主要内容。在此，首先阐明水热法合成宝石晶体的生长质量和生长速度在本书中的含义。

1. 合成宝石晶体的生长质量

鉴于目前一些很重要的合成宝石晶体，如祖母绿、海蓝宝石、红宝石、蓝色的和黄色的蓝宝石、紫晶、黄晶等，均已投入商业生产，其晶体及饰品也已批量地投放到了珠宝市场，因而它们并不具备"稀少"这一特性。但是，国外仍将其划分为高成本生长的合成宝石晶体和低成本生长的合成宝石晶体两类，前者如水热法生长的祖母绿和红宝石等，后者如焰熔法生长的红宝石、蓝宝石和尖晶石等，后者售价约为前者的十分之一或几十分之一甚至更低一些，这是符合目前的市场价值规律的。因此，合成宝石除去"稀少"这一属性外，它同天然宝石一样也应具备"美丽"和"耐久"等基本属性。"美丽"可依据颜色、透明度、光泽和纯净度（其中，颜色和透明度尤为重要）等特征予以评价，而"耐久"则可用硬度、韧性、化学稳定性等多项特征来进行评估。由此可见，合成宝石晶体的"美丽""耐久"既是它们的基本属性，也是它们的质量评价内容。与合成宝石晶体完全不同，人工功能晶体的质量主要是根据它们所具有的光、电、声、磁、热、力等物理效应及其结构完整性、均匀性和尺寸大小等内容来进行评价。

2. 合成宝石晶体的生长速度

通常是指它们的晶面法线生长速度,即各个晶面在其生长过程中和在单位时间内沿其晶面法线向外平行推移的距离,一般采用毫米/天(mm/d)为单位。但是,在国际珠宝首饰市场上,天然宝石晶体和与之对应的合成宝石晶体及其刻面饰品均是以质量(单位是克拉,ct)进行交易和计价的。因此,也可采用"质量生长速度"[在单位时间内所生长的晶体质量,一般采用克拉/天(ct/d)为其单位]。在本书中,上述两种晶体生长速度单位均被采用。

如前所述,合成宝石晶体的水热法生长不是在人工强制性(如搅拌、旋转等)的体系中,而是在自由的水热溶解-结晶体系中进行和完成的,因而晶体的生长质量和生长速度只受其内部晶体结构的制约以及外部环境条件的影响。归纳起来,这些影响因素主要有:①过饱和度;②籽晶切向及籽晶质量;③矿化剂种类及浓度;④原料配方;⑤压力及填充度;⑥结晶温度与温差;等等。显而易见,上面所列举的影响晶体生长质量和生长速度的主要因素,是与晶体水热法生长过程密切相关的,因而全面深入地研究这些主要影响因素对研究晶体生长质量和速度,以及晶体生长动力学都具有十分重要的意义。

下面,根据我们在合成宝石晶体水热法生长中的研究开发成果,并结合前人研究成果,综合阐述过饱和度、籽晶选择(包括籽晶质量选择、籽晶切向、籽晶尺寸等)、矿化剂(包括矿化剂种类、过饱和温度范围及其温度系数、矿化剂浓度等)、原料(包括原料类型、原料配方、原料杂质、原料粒度等)、压力(或填充度)、结晶温度及温差(包括结晶温度、温差、过饱和度、溶液对流、溶质供应等)等与晶体的生长质量和生长速度的关系,使合成宝石晶体水热法生长从"可能性"变为"现实性"。

2.3.2　过饱和度与晶体生长

第一章中已叙述过,溶液的过饱和度是水热法晶体持续生长,并最终长大成为可用晶体的前提和直接驱动力,它可以直接决定晶体的生长质量和生长速度。因此,首先需对过饱和度的概念及其影响因素有一个基本的了解。

按照溶液的浓度-温度关系可将溶液状态划分成稳定区、亚稳区(包括第一亚稳区和第二亚稳区)和不稳区(图2.21),水热法生长晶体是在亚稳区中进行的。其中稳定区是确定的,它处在确定的溶解度曲线的右下方;而亚稳区和不稳区则都处在该溶解度曲线的左上方,且彼此以不确定的过饱和度曲线为界,因而这两个区域的范围是不确定的。上述三个区域的各自特点如下:

1. 稳定区

该区溶液为不饱和溶液，即在该区溶液中只可能发生晶体的溶解作用，而不可能发生任何结晶作用。

2. 亚稳区

该区是过饱和溶液的亚稳区，即在该区溶液中虽不能自发地产生结晶作用，但若加入籽晶，晶体便可在籽晶上结晶生长。

3. 不稳区

该区是过饱和溶液的不稳区，即在该区域的溶液中将会自发地产生成核作用及结晶作用。

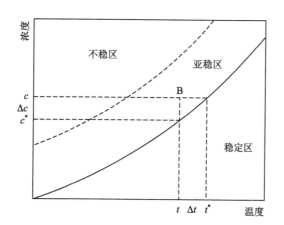

图 2.21　溶液状态示意图（张克从等，1997）

由此可见，图 2.21 中的亚稳区是温差水热法生长合成宝石晶体的唯一区域，这是因为：从生长体单晶的实际出发，人们只希望晶体在亚稳区内进行"加入籽晶生长"，而不希望它在不稳区内产生"自发成核生长"，也不希望它在稳定区内发生溶解作用。如果出现"自发成核生长"，就会形成大量的晶核，并与籽晶争夺原料，降低待生长体单晶的生长速度和质量。而如果发生溶解作用，新生长的晶体（或籽晶片）将会遭受溶蚀，严重的甚至被溶解殆尽。

然而，溶液的过饱和溶解度曲线的不确定性也导致了溶液亚稳区的不确定性。尽管如此，溶液过饱和度的大小、趋向还是可以用溶液过饱和度 Δc（$\Delta c = c - c^*$），或相对过饱和度 σ［由式（2.14）定义］来估计（张克从等，1997）。根据实际的晶体生长速度的要求，水热条件下典型的相对过饱和度下限值在 $0.01 \sim 0.1$。

$$\sigma = \frac{c - c^*}{c^*} = \frac{\Delta c}{c^*} \qquad\qquad (2.14)$$

其中，c ——溶液的实际浓度（处于过饱和状态下的过饱和浓度）；

　　　c^* ——溶液在同一温度、压力条件下达到溶解平衡时的饱和浓度。

在温差水热法的具体实践中，过饱和度是通过降低晶体生长区的温度，也就是通过在高压釜内建立温差来获得的。高压釜中溶液的密度（ρ）依赖于溶液的温度和浓度，一般情况下，ρ 随浓度（c）的增大而增大，随温度（T）的升高而减小。对于具有正溶解度温度系数的晶体来说，若热区的密度 $\rho_{热}(c_{热}, T_{热})$ 小于冷区的密度 $\rho_{冷}(c_{冷}, T_{冷})$，则式（2.15）成立。这时原料溶解区热膨胀使溶液密度减小的程度超过了原料溶解引起的密度增加，这使得高压釜底部热而轻的溶液上浮，而顶部冷而重的溶液下沉，两者共同形成了高压釜内的溶液对流，溶质和热量开始输运，晶体开始生长。其结果是晶体生长区的过饱和度（$\Delta c = c_{热} - c_{冷}$）直接受控于热的原料溶解区与冷的晶体生长区的温差（$\Delta T = T_{热} - T_{冷}$），即 $\Delta c = \left(\dfrac{\mathrm{d}c}{\mathrm{d}T}\right) \cdot \Delta T$，

其中的 $\left(\dfrac{\mathrm{d}c}{\mathrm{d}T}\right)$ 就是前面所说的溶解度温度系数。

$$\frac{\partial \rho}{\partial c}(c_{热} - c_{冷}) + \frac{\partial \rho}{\partial T}(T_{热} - T_{冷}) < 0 \qquad\qquad (2.15)$$

溶解度温度系数 $\left(\dfrac{\mathrm{d}c}{\mathrm{d}T}\right)$ 的绝对值越大，在相同温差下所得到的过饱和度（Δc）也越大。迄今为止，所有水热法晶体的晶面生长速度都是随着过饱和度线性增加的，即 $v = \beta \cdot \Delta c$，其中 β 为动力学系数。于是晶体的生长速度与温差呈线性关系（Chernov et al.，1984），即：

$$v = \beta \cdot \Delta c = \beta \cdot \left(\frac{\mathrm{d}c}{\mathrm{d}T}\right) \cdot \Delta T \qquad\qquad (2.16)$$

从式（2.16）中的可以看出，晶体的生长速度受到式中的三个因子共同影响，其中 $\left(\dfrac{\mathrm{d}c}{\mathrm{d}T}\right)$ 涉及矿化剂的种类及其浓度，ΔT 涉及结晶温度及温差，而动力学系数（β）中则包含了籽晶、压力、原料配方等其他因素。这三个因子，也就是说上述这些影响因素并不是独立起作用的，它们之间有着相互关联的关系，共同影响并决定着晶体的生长速度及生长质量。

2.3.3　籽晶选择与晶体生长

籽晶选择，如同种植业、养殖业的"选种育种"一样，对合成宝石晶体的水

热法生长是非常重要的，这是因为籽晶选择直接关系到晶体的生长质量、生长速度及其实际应用。从实际工作的角度来考虑，籽晶选择包括籽晶质量、籽晶切向和籽晶尺寸等的选择，具体阐述如下。

1. 籽晶质量的选择

籽晶是从"母体"晶体上切割下来的晶片或小块晶体。从理论上讲，凡是晶体结构和化学组成都与待生长晶体相同或相似的天然晶体或人工晶体均可被用作籽晶。但实验研究表明，最好应选择与待生长晶体具有相同的晶体结构和化学组成的天然晶体或人工晶体作为籽晶。就一般情况而言，人工晶体的质量（这里所说的质量，主要是指人工晶体的晶体结构和化学组成的完整性）要比对应的天然晶体的质量好，因而最好选择人工晶体作为籽晶。这样做的目的是：①尽可能地避免在籽晶与新生长的晶体之间因晶体结构和化学组成等差异而引起晶格失配；②尽可能地避免因晶格失配而在新生长的晶体中产生内应力；③尽可能地避免这种内应力在晶体生长过程中累积到足以产生开裂等的破坏程度。籽晶质量的选择，除了上述这些要求外，更重要的是要选择晶体结构和化学组成的完整性尽可能好的优质的人工晶体作为籽晶，以尽可能地减少籽晶中的位错、缺陷、开裂和晶格畸变等"遗传"给新生长的晶体，提高水热法合成宝石晶体的质量。

在作者实验研究水热法合成红宝石晶体的生长条件和生长技术的早期阶段，曾使用了焰熔法生长的红宝石晶体作为籽晶，并试图经过多次"选种育种"过程培育出符合水热法生长技术要求的优质籽晶，但这种努力却没有达到预期的目的，其原因是：焰熔法合成红宝石晶体的结构和组成的完整性较差，内应力较大，位错密度较高（达 $10^7 \sim 10^8$ 个/cm^2 量级）。对此，虽曾对切磨好的籽晶片进行高温退火处理以期提高它的完整性，但效果仍不理想。当以此种籽晶片在适宜的条件下进行水热法生长时，所生长出来的红宝石晶体常常产生密集的、规则的网状开裂、平行开裂以及沿籽晶片的开裂，且晶体具有镶嵌结构，并含有大量的气液两相包裹体。又因所使用的致色剂是黄色的铬酸钾（K_2CrO_4），故晶体中含有黄色铬酸钾溶液的大量气液两相包裹体，使生长出来的红宝石晶体颜色发黄。为提高水热法合成红宝石晶体的质量，作者在中、后期阶段改用提拉法生长的无色蓝宝石（俗称白宝石）晶体作为籽晶，而此种蓝宝石晶体的质量较好，无绵无柳，透明度高，位错密度也较低（约为 $10^4 \sim 10^5$ 个/cm^2），比焰熔法合成红宝石晶体的位错密度约低 2～3 个数量级。此外，还将切磨好的籽晶片在 1400～1500℃ 的高温条件下进行较长时间（一般为 3～5 个昼夜）的退火处理，以进一步提高其完整性。实验结果表明，用此种籽晶片生长出来的红宝石晶体的质量较好。当晶体的生长条件被调节控制得适宜时，新生长的红宝石晶体既不出现规则的网状开裂，也不出现沿籽晶片的开裂；晶体中的气液两相包裹体的数量也大大降低，晶体的颜色也呈现出比较纯正的玫瑰红色，透明度亦有显著提高。总之，完全达到了水热法合成红宝石晶体的质量指标。由此可见，籽晶的质量越好，新生长的晶体的质量也就越好。

仲维卓（1994）在揭示人工水晶质量与籽晶质量之间的内在联系的实验研究中，选取了不同质量的籽晶，均平行于晶面 c(0001) 切取（即 Z 切籽晶），并将磨制好的籽晶置于同一高压釜的同一部位，然后在相同的物理化学条件下进行水热法生长，其实验结果如表 2.6 所列。从表 2.6 中可以看到，籽晶质量对水热法生长的人工水晶质量的影响很大，即当籽晶切向、矿化剂水溶液的种类及浓度、生长温度及温差、生长压力等生长条件给定时，籽晶的质量就是影响人工水晶质量的决定性因素，即籽晶的质量越好，人工水晶的质量也就越好。

在此，还需要着重指出的是，在合成宝石晶体的水热法生长中，如果条件许可，最好要选择水热法生长的同种晶体作为籽晶，这是因为该类晶体与待生长晶体之间不仅晶体结构和化学组成完全相同，而且生长环境和生长机制也基本相同。也正因为如此，在籽晶与新生长晶体之间不存在成分、结构、缺陷和内应力等的失配问题，更有利于生长出高品级的晶体来。如果没有上述优质籽晶，也没有相对应的可被选作籽晶的优质人工晶体时，就必须采用水热法中的自发成核生长的方法，并经多次优胜劣汰和由小到大的"选种育种"过程，逐步地培育出符合技术要求的籽晶来。之所以如此，是因为在多次优胜劣汰的"选种育种"过程中，不仅晶体的尺寸将一次比一次大，而且其晶体结构和化学组成的完整性也将一次比一次好。

表 2.6 籽晶质量与人工水晶质量的关系（仲维卓，1994）

晶体编号	α_{3500} 吸收值	Q 值/10^6	说明
72-5-2-3	0.021	2.30	同一高压釜中晶体籽晶切向相同
72-5-2-6	0.023	2.25	
72-5-2-4	0.026	1.98	同一高压釜中晶体籽晶切向不同
72-5-2-5	0.020	2.35	
72-5-2-6	0.025	2.00	
72-16-2-2	0.02	235	不同晶体切割的籽晶在同一高压釜中
72-16-2-1	0.031	190	
161-76-1-2	0.035	185	同一块晶体切割的籽晶在同一高压釜中
161-76-1-3	0.034	186	
163-77-1-1	0.050	153	同一块晶体切割的籽晶在同一高压釜中
163-77-1-4	0.050	153	

注：①α_{3500} 吸收值：水晶在 3500 cm^{-1} 处的吸收值，通常是晶体中所含 OH$^-$ 的特征吸收；②Q 值：水晶的品质因子，在数值上为内摩擦（q）的倒数。Q 值越大，晶体质量越高。

综上所述，为采用籽晶温差水热法生长出高品质的合成宝石晶体，可将选择籽晶质量的技术要求归纳如下：①被选作籽晶的晶体，最好是与之对应的人工晶体，其晶体结构和化学组成都与待生长晶体完全相同；②被选作籽晶的人工晶体，要求其晶体结构和化学组成的完整性应尽可能高，其光学均匀性应尽可能好；③被选作籽晶的人工晶体，要求其晶形比较规则完整，稳定晶面比较发育，以便于籽晶的手标本定向；④对于合成宝石晶体的水热法生长而言，最好要选择水热法生长的、优质的同种晶体作为籽晶。

最后，需要特别注意的是：在合成宝石晶体的温差水热法生长中，当籽晶的切取方向、磨制工艺、抛光度以及晶体生长参数完全相同时，如果所选取的籽晶的结构完整性更高、光学均匀性更好，那么就可适当地提高待生长晶体在矿化剂水热溶液中的溶解度及其在晶体生长区的过饱和度，以确保合成宝石晶体有较稳定的和较快的生长速度以及较好的生长质量。

2. 籽晶切向的选择

1）籽晶切向与生长速度

对于具有各向异性的合成宝石晶体而言，其籽晶切向（从晶体水热法生长的实际出发，籽晶切向实质上就是籽晶片的两个平行大面或两个平行生长大面对于晶体结晶轴的切向）与其晶体水热法生长的关系密切。例如，同种晶体的不同晶面虽在相同的物理化学条件下进行水热法生长，但各晶面的生长速度仍有比较大的差异。陈振强等（2002）的实验研究结果表明，水热法合成祖母绿各晶面生长速度的大小顺序如下：$m\{10\overline{1}0\}$—$c\{0001\}$—$p\{10\overline{1}1\}$—$a\{11\overline{2}0\}$—$s\{11\overline{2}1\}$。据仲维卓（1994）人工水晶的各族晶面的生长速度如图 2.22 所示。由图 2.22 可见，小菱面（r）族晶面的生长速度大于大菱面（R）族晶面的生长速度；但随着籽晶切向与 c 轴夹角的逐渐增大，两者的差异逐步缩小。另据作者的实验结果，水热法合成红宝石晶体在相同的生长条件下，其各族晶面生长速度的排列顺序为：$m\{10\overline{1}0\}$—$a\{11\overline{2}0\}$—$r\{10\overline{1}1\}$—$n\{11\overline{2}3\}$—$z\{11\overline{2}1\}$—$c\{0001\}$。

尽管影响人工水晶生长速度的因素很多，且各族晶面的生长速度在不同的生长条件下也有比较明显的变化，但其排列顺序通常情况下是基本保持不变，这是因为各族晶面的面网密度不同。根据布拉维-弗利德尔（Bravias-Friedel）法则可推断：晶面的面网密度越小，其相互平行的面网间距就越小，因而相邻面网间的引力就越大，其生长速度也就越大，其晶面也就越容易消失；反之，晶面生长速度就越小，就越容易被保存下来。同时，籽晶切向还控制了晶体的生长形态（详见后述），因而籽晶切向非常重要。

人工水晶最常用的一种籽晶切向就是籽晶片的两个平行大面与生长速度大的 c 面平行。实验研究和工业生产的实践表明，当采用 c 面的籽晶片进行水热

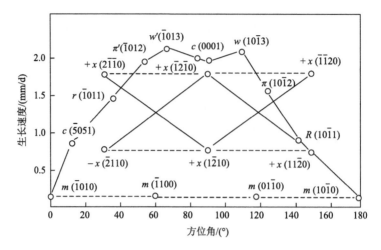

图 2.22　人工水晶各族晶面的生长速度（仲维卓，1994）

生长时，人工水晶不仅生长速度快，而且晶体质量好，因而它是人工水晶一种较理想的籽晶切向（即 Z 切籽晶）。但对于水热法合成红宝石晶体，若按上述原则，其籽晶切向应与法线生长速度最大的 m 面平行。然而，当以此切向的籽晶片进行水热法生长时，晶体生长速度虽然较快，但在新生晶体中却存在大量的规则网状开裂和气液两相包裹体，同时在晶体表面还存在密集的沟槽（深为 $1\sim$ 3 mm），因而大幅度地降低了刻面饰品的出成率，严重地影响了应用价值。因此，只能选择其他切向的籽晶片，如 n 面。由此可见籽晶切向的基本原则是：必须在保证晶体生长质量的前提下，选择晶体生长速度尽可能大的晶面作为籽晶片的切向。

2）籽晶切向与生长质量

张昌龙等（2002）的实验研究结果表明，籽晶片切向不仅直接影响水热法合成红宝石晶体的生长速度，而且也直接影响它的生长质量。例如，在晶体生长区平均温度为 558℃、原料溶解区与晶体生长区之间的平均温差为 38℃、压力为 200 MPa、矿化剂为 1.0 mol/L NaHCO$_3$ + 1.0 mol/L KHCO$_3$、致色剂为 K$_2$CrO$_4$ 等相同的生长条件下，得到了如表 2.7 所列出的实验结果。从表 2.7 中可以看到，切向为 m {10$\bar{1}$0} 面的籽晶片，其生长速度虽较快，为 4.2 ct/d，但有网状裂纹，晶体颜色发黄；切向为 z {11$\bar{2}$1} 面和 n {11$\bar{2}$3} 面的籽晶片，其生长速度均为 3.5 ct/d，虽然都比较快，但前者的晶体表面呈沟壑状、晶体内有大量的气液两相包裹体、晶体颜色发黄等，表明晶体质量比较差；而后者的晶体表面则比较平坦光滑、无（或有少量）网状裂纹、晶体透明度高、为纯正的玫瑰红色、二色性强等，表明晶体质量比较好。因此，在后面的合成彩色刚玉宝石晶体的水热法生长中所采用的籽晶片，其切向均平行于 n {11$\bar{2}$3} 面。

表 2.7　不同切向的籽晶片在相同条件下的水热法生长结果

实验编号	籽晶片的切向	生长速度及晶体质量
174	$c\{0001\}$	生长速度非常缓慢，仅 0.01 ct/d，且沿横向生长，但晶体质量尚可，颜色也好
177	$m\{10\bar{1}0\}$	生长速度快，为 4.2 ct/d，但晶体有网状裂纹及包裹体，且颜色发黄
178	$z\{11\bar{2}1\}$	生长速度较快，为 3.5 ct/d，但晶体表面呈沟壑状，其内有大量气液两相包裹体、颜色发黄
186	$n\{11\bar{2}3\}$	生长速度较快，为 3.5 ct/d，晶体表面平滑，无（或有少量）网状裂纹，晶体透明度高，包裹体较少，颜色呈玫瑰红色，二色性强

3. 籽晶尺寸的选择

籽晶尺寸的大小与合成宝石晶体的生长速度、生长形态及其实际应用都有着密切的关系，因而必须认真地予以选择。此处所指的籽晶尺寸的大小，包括籽晶片的长度、宽度、厚度及表面积等。一般来说，籽晶尺寸选择的依据是：①籽晶尺寸对晶体生长质量和生长速度的影响；②对晶体使用的技术要求。下面，将对籽晶片的大小、长宽比及总表面积比等与合成宝石晶体水热法生长的关系及其要求作进一步的阐述。

1）籽晶片大小与晶体生长

实验结果表明，当其他物理化学条件相同时，籽晶片面积（主要生长面的面积）越大，晶体生长速度就越小。从总体上来说，要求籽晶片的大小（长×宽）必须与衬套管的内尺寸相匹配，以便尽可能地提高单炉产量，提高经济效益。因此，需要综合考虑以下两点。

（1）尽量使合成宝石晶体的最终生长形态与其使用技术的要求相吻合，以便尽可能地提高刻面宝石饰品的出成率。例如，对冠部被切磨成多边椭圆形的刻面宝石饰品来说，其多边椭圆形短半径与刻面宝石饰品的高度之间的定量关系一般是：

$$多边椭圆形短半径 = 刻面宝石饰品的高度 \times (0.7 \sim 0.75) \tag{2.17}$$

据统计结果，长厚板状的晶体因晶形规整，故出成率是最高的，可达 25%，因而合成宝石晶体的最终生长形态多以长厚板状为主，籽晶片的长度方向应与衬套管的纵轴方向平行。于是，籽晶片大小的选择就可简化为对其宽度的选择。例如，对衬套管尺寸为 $\Phi 35.4$ mm×740 mm 而言，籽晶片最大宽度是该衬套管横切圆的内接正方形的边长，约为 15 mm。

（2）尽量提高衬套管内的空间利用率，以便尽量提高单炉产量，降低生产成本，并综合考虑溶解度大小、溶质在晶体生长过程中的供应状况以及晶体生长速度的快慢。例如，对于尺寸为 $\Phi 35.4$ mm×740 mm 的衬套管来说，其上部晶体生长区的长度为 380 mm。实验证明若从最大的空间利用率来考虑，共计可悬挂

16 片籽晶，每片尺寸约为 40.0 mm×15.0 mm。然而籽晶片多了，溶质溶解、输运的速度跟不上，晶体长不厚，无法保证刻面加工的厚度，因此悬挂 6～8 片籽晶片更为合适，以确保晶体的优质快速生长及刻面加工的出成率。

2）长宽比与其生长形态

当其他生长条件相同时，合成宝石晶体的最终生长形态受籽晶片切向及其长宽比的制约。陈振强等（2002）的实验研究结果表明，随着籽晶切向与 c 轴夹角的增大，新生长的祖母绿晶体形态按长薄板状—长厚板状—短柱状变化（图 2.23）。当籽晶切向相同时，籽晶片的初始长宽比对合成宝石晶体的最终生长形态也有影响。例如，当籽晶切向和其他生长条件固定不变时，水热法合成祖母绿晶体的最终生长形态决定于籽晶片的初始长宽比，即当籽晶片的初始长宽比按 2.69—1.23—0.78 方向递减时，新生水热法合成祖母绿晶体的最终生长形态按长厚板状—短厚板状—短柱状的方向变化。前已述及，当水热法合成祖母绿晶体的最终生长形态为长厚板状时，其冠部为多边椭圆形刻面饰品的出成率高达 25%。因此，为尽量提高新生祖母绿晶体的利用率及其多边椭圆形刻面饰品的出成率，其籽晶片与 c 轴的夹角应小于 25°，其初始长宽比应当大于 2.69。

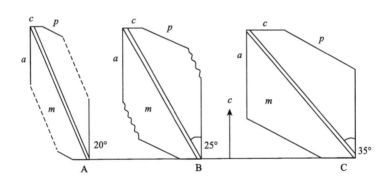

图 2.23　籽晶片切向及尺寸与新生祖母绿晶体形态的关系（陈振强等，2002）

3）总表面积比与晶体生长

固体颗粒原料的初始总表面积和籽晶片的初始总表面积的比值与合成宝石晶体生长速度有着极为密切的关系。实践经验表明，在合成宝石晶体的水热法生长过程中，为保持稳定的和较快的生长速度，要求固体颗粒原料的总表面积与籽晶片的总表面积之初始比值大于 5，否则生长速度就会降低。然而，在晶体生长过程中，籽晶片为新生长的晶面所覆盖，因而其总表面积已不再是初始籽晶片的总表面积，而是比它大的"生长着的总表面积"；同样，固体颗粒原料随着晶体生长过程的进行将逐渐被消耗，其总表面积也已不再是固体颗粒原料的初始总表面积，而是比它小的"溶解着的总表面积"。显而易见，上述这种"溶解着的总表面积"

与"生长着的总表面积"的比值是随着晶体生长过程的进行而逐渐变小的,因而合成宝石晶体的生长速度也将随之逐渐降低,该认识已为作者的实验结果所证实。因此,为使"溶解着的总表面积"与"生长着的总表面积"的比值在水热法合成宝石晶体的生长过程中保持相对稳定,使晶体生长速度既相对较快而又相对稳定,根据作者的实际经验,可采取以下技术措施。

增加固体颗粒原料在待生长晶体水热体系中的质量,减小生长系统的液固比$\left(\dfrac{L}{S}\right)$。所谓液固比,是指晶体生长初始时加入的矿化剂溶液的体积与加入的固体颗粒原料的总质量之比,其计算公式如下:

$$\frac{L}{S} = \frac{V_{液}}{\sum W_{固}} \tag{2.18}$$

式中,$V_{液}$——初始时加入的矿化剂溶液的体积,mL;

$\sum W_{固}$——初始加入的所有固体颗粒原料的质量,g。

$\dfrac{L}{S}$ 的值一般可在 1.25～2.0 mL/g 选定,这既保证了有充足的原料供给晶体生长,又增大了固体颗粒原料的初始总表面积。

在有利于固体颗粒原料溶解的前提条件下,通过破碎、筛分,尽可能地使固体颗粒原料的粒度细小而又均匀,其粒径一般处在 3～5 mm 或 5～7 mm,这既保证了高温高压下的矿化剂溶液在固体颗粒之间的渗透流动性,加快溶解的速度,又使固体颗粒原料在相同质量的条件下,其初始总表面积增大很多,有利于原料溶解和晶体生长。

在每一次晶体水热法生长中,最好能使固体颗粒原料总表面积与籽晶片总表面积的初始比值都比较接近,从而既能保证每次晶体生长速度都比较快而又相对稳定,即重现性比较好。

2.3.4　原料与晶体生长

原料是水热法合成宝石晶体赖以生长的物质基础,因而原料种类(此处指的是晶质或非晶质等固体颗粒原料种类)、加入数量、纯度高低、粒径大小及其均匀性等与晶体水热法生长均有着十分密切的联系,并对其产生相当大的影响,具体阐述如下。

1. 原料类型与晶体生长

在理论上,下列几种材料均可用来制备合成宝石晶体水热法生长所需的原料。
(1)与待生长晶体相对应的、较纯净的天然矿物晶体常被用来制备多晶原料。

所谓多晶原料，指的是经过破碎、筛分、酸煮、清洗等多道工序而制备的，并具有一定的纯净度、颗粒度及粒径范围的晶质固体颗粒原料。例如，纯度较高的天然绿柱石类矿物晶体，如原料级的绿柱石、海蓝宝石和祖母绿等晶体；在水热法生长无色或彩色人工水晶中，可采用天然的熔炼石英来制备所需的多晶原料。但应注意的是，在应用之前，必须对天然多晶原料进行化学分析，查明它们的化学纯度以及杂质的种类和含量，以便对其应用做到"胸中有数"。

（2）与待生长晶体具有相同的晶体结构和化学组成的人工晶体常被用来制备多晶原料。用人工晶体所制备的多晶原料，其化学纯度一般都较高，均可达到"分析纯"的级别。但是，要重视人工晶体的性价比。在保证晶体优质快速生长的前提下，尽可能地应用性价比高的人工晶体来制备所需的多晶原料。例如，笔者在水热法合成彩色刚玉宝石晶体中，就采用了焰熔法生长的无色透明的蓝宝石晶体制备所需的多晶原料。

（3）按照待生长晶体的化学计量成分，并用相应的化学试剂配制而成的非晶质粉末原料。例如，水热法合成红宝石晶体时，可依照红宝石的化学组成用化学试剂 $Al(OH)_3$、Al_2O_3 和 Cr_2O_3（致色剂）定量配制非晶质粉末原料。但用这种非晶质粉末原料来生长红宝石晶体，当晶体生长过程进行到某一阶段时就会出现前面所提到的"同晶化"及"生长饱和"等现象，这是要引起注意的。

（4）采用人工晶体的多晶原料与非晶质粉末原料，并按一定的比例配制而成的混合原料。例如，作者在水热法生长合成祖母绿晶体中，就是按照祖母绿（$Be_3Al_2Si_6O_{18}$）的理论化学成分中的相应氧化物的比例，用化学试剂 BeO、$Al(OH)_3$ 和 Cr_2O_3 的非晶质粉末原料以及天然纯净的石英晶体（SiO_2）的多晶原料来配制混合原料的。用于水热法生长彩色刚玉宝石晶体的混合原料，就是以焰熔法生长的无色透明的蓝宝石的多晶原料为主（87.13%～88.50%）、并以 $Al(OH)_3$ 或无定形 Al_2O_3 的非晶质粉末原料为辅（10.50%～11.88%）来定量配制的。

（5）按照待生长晶体的化学计量成分，并用相应的化学试剂配制而成的非晶质粉末原料后，再在适当的高温下对其进行烧结而成的原料，被称为烧结原料。

在实际工作中，上述天然晶体或人工晶体的多晶原料、非晶质粉末原料、多晶原料与非晶质粉末原料的混合原料以及非晶质粉末原料的烧结原料 5 种形式的原料都有成功的实例，但就一般情况而言，最好还是采用人工晶体多晶原料为主、非晶质粉末原料为辅的混合原料，其优点如下。

（1）人工晶体的多晶原料不仅与待生长晶体具有完全相同的晶体结构和化学成分，而且它的化学纯度也相当高，均不小于 99.9%，从而减少了有害杂质对晶体生长所产生的不利影响。

（2）在合成宝石晶体的水热法生长中，选择矿化剂的一条基本原则是：要求待生长晶体及与之对应的多晶原料在高温高压的矿化剂溶液中能够发生同成分溶解（参见 2.2.3 节中的相关内容）。若选取与之相对应的多晶原料，并按前述原则选定矿化剂，那么在高温高压下的溶液中，溶质的化学组成及其量比必定与多晶原料中的化学组成及其量比完全相同，只要温度和压力等物理化学条件适宜，所生长出来的晶体必定是所需要生长的晶体，而不会出现其他的晶相。例如，用绿柱石作原料生长水热法合成祖母绿时，祖母绿是唯一晶相；而用 SiO_2、BeO、$Al(OH)_3$、Cr_2O_3 等化学试剂作原料生长水热法合成祖母绿时，除祖母绿外，有可能还会生成硅铍石相（Be_2SiO_4），为此需采取必要的技术手段以避免硅铍石相的产生（参见 4.3.1 节中的相关内容）。

（3）颗粒状的多晶原料（主料）溶解速度较慢，而非晶质粉末原料（辅料）溶解速度较快，两者配合使用相得益彰，可解决籽晶在加热升温过程中受到矿化剂溶液的溶解侵蚀，以及在晶体生长过程中出现"同晶化"和"生长饱和"等问题，有利于生长出高品级、大尺寸的合成宝石晶体。例如，生长水热法彩色刚玉宝石时，就可以采取前述的比例配制原料。

2. 原料配方与晶体生长

所谓原料配方，在狭义上指的是各种原料（包括致色剂等）按待生长晶体的化学计量比计算得出的它们在初始固体颗粒原料中的质量分数，此外还要考虑矿化剂溶液的加入量。为此，作者提出了计算原料配方的联立方程式：

$$\begin{cases} f_{内} = \dfrac{V_{液}}{V_{管} - \Sigma \dfrac{W_i}{\rho_i}} \\[4mm] \dfrac{L}{S} = \dfrac{V_{液}}{\Sigma W_i} \end{cases} \tag{2.19}$$

式中，$f_{内}$——矿化剂溶液在"悬浮式"黄金衬套管内的填充系数；

$\quad V_{液}$——加入到"悬浮式"黄金衬套管内的矿化剂溶液的体积，mL；

$\quad V_{管}$——黄金衬套管的容积，mL；

$\quad W_i$——第 i 种固体颗粒原料的质量，g；

$\quad \rho_i$——第 i 种固体颗粒原料的密度，g/mL；

$\quad \dfrac{L}{S}$——液固比。

从式（2.19）中可以看到，该联立方程式将 $f_{内}$、$V_{液}$、$V_{管}$、W_i、ρ_i、$\dfrac{L}{S}$ 等参数有机地联系在一起，在整体上构成了相互依存、相互制约的函数关系，通过式（2.19）能够使上述这些参数更好地、更容易地得到优化组合，从而能够更好地、更容易地确立合成宝石晶体水热法生长的匹配条件，确保其优质快速生长。

3. 原料纯度与晶体生长

原料中一般都含有微量的杂质，当杂质在原料中的质量分数为 0.01%～1.00% 时，称之为少量杂质；当其质量分数低于 0.01% 时，称之为痕量或微量杂质。研究表明，在晶体生长过程中杂质将对溶质-矿化剂溶液的性质、待生长晶体溶解度的大小、晶体的生长速度和生长质量以及晶体的结晶习性等产生相当大的影响，可将其统称为"杂质效应"。很显然，这与有目的地将某种或某几种特定元素掺入到人工晶体中以产生或改善其某种性能的"掺质效应"（如掺 Cr^{3+} 分别使祖母绿和红宝石呈现绿色和红色）是不同的。

与极微量的杂质就能对人工功能晶体的性能造成致命的影响不同，对于宝石晶体而言，主要关注的是原料中微量的杂质对晶体生长速度、结晶的完整性（是否造成晶体开裂）等的影响，要求一般不是特别高，例如 Tairus 就利用天然的绿柱石晶体作为合成祖母绿的原料，而这些天然绿柱石中或多或少都含有一定的杂质。但为了产品的质量的一致性，原料中的杂质还是要引起注意。

4. 原料粒度与晶体生长

此处所指的原料粒度主要是多晶原料粒径的大小及其范围，前者与其初始的总表面积的大小有关，而后者则与其颗粒的均匀性有关，而它们对晶体生长都可产生相当大的影响，具体阐述如下。

1）原料与籽晶表面积比

如前所述，多晶原料总表面积与籽晶片总表面积的初始比值，在相当大的程度上影响着水热法合成宝石晶体的生长速度和生长质量。一般说来，为在人工晶体水热法生长中保持稳定快速的生长速度、稳定优质的生长质量，多晶原料的总表面积与籽晶片的总表面积之初始比值应大于 5。例如，在我们所进行的合成彩色刚玉宝石晶体的水热法生长中，只有当白宝石多晶原料的总表面积与籽晶片的总表面积之初始比值大于 5 时，晶体生长才能快速稳定，晶体质量也才能有保证。从总体上来看，比较大的总表面积初始比值主要有两个作用：①在合成宝石晶体水热溶解-结晶体系中的多晶原料，其溶解的速度将随其初始总表面积的增大而增大，因而有利于晶体的生长；②如果给水热生长体系提供充足的多晶原料，就可保证多晶原料的溶解的速度、晶体生长的速度和质量在长周期的生长过程中保持相对稳定，而这对于大尺寸、高质量晶体的长周期水热法生长来说就显得更为重要了。

2）多晶原料粒度大小及其颗粒均匀性

粒径范围越窄，颗粒就越均匀；反之，就越不均匀。与此同时，多晶原料的颗粒大小及其均匀性又与它们堆积在一起时的颗粒之间的空隙大小密切相关，而空隙度的大小，又直接关系到矿化剂溶液的渗透性和流动性，空隙度越大，溶液的渗透性和流动性就越好。显而易见，溶液的渗透性和流动性好，就有利于多晶原料的溶解及溶质的输运，也就有利于晶体的水热法生长。因此，在采用水热法生长合成彩色刚玉宝石晶体的实际工作中，我们采用破碎—筛分—水洗—酸煮（在 10%～15% 的盐酸水溶液中煮沸约 30 min）—清洗—烘干—过筛等的工艺流程。

2.3.5　矿化剂与晶体生长

矿化剂是影响溶解度的关键因素，而溶解度又直接关系到晶体生长，因而矿化剂对合成宝石晶体水热法生长的影响实质上就是通过它对其溶解度的影响来实现的。因此，在 2.2.3 节中所阐述的影响溶解度的主要因素，如温度、压力、矿化剂种类及浓度等，其实也就是影响晶体生长的主要因素，此处不再赘述。本节将着重阐述矿化剂种类和浓度以及高压釜反应腔内径大小等与晶体生长之间的具体关系。

1. 矿化剂种类与晶体生长

根据所使用的矿化剂的化学性质，可将在人工晶体水热法生长中所使用的矿化剂分为 5 类：①碱金属及铵的卤化物类，如 KF、NaF、NH_4F、KCl、$NaCl$ 等；②碱金属的氢氧化物类，如 KOH、$NaOH$ 等；③弱酸（如 H_2CO_3、H_3BO_3、H_3PO_4、H_2S 等）与强碱金属所形成的盐类，即强碱弱酸盐类，如 K_2CO_3、Na_2CO_3、$KHCO_3$、$NaHCO_3$、K_2HPO_4、KH_2PO_4 等；④强酸弱碱盐类；⑤酸类（一般为无机酸类），如 HCl、HNO_3、H_2SO_4 等。其中，第一类、第二类和第三类是应用最广泛的矿化剂，这是因为：第一类矿化剂所提供的配位离子是 F^-、Cl^- 等卤素离子，而第二类和第三类矿化剂所提供的配位阴离子则都是 OH^- 离子。图 2.11 所示的绝大多数络合物形成体（其中的大多数又是构成合成宝石晶体配位多面体的中心原子或离子）都属于硬酸类或交界酸类。根据络合物稳定的"软硬酸碱规则"，它们与属于硬碱类的 F^-、O^{2-}、OH^- 等最容易配合。例如，合成刚玉宝石晶体配位八面体 AlO_6 中的 Al^{3+}、人工水晶配位四面体 SiO_4 中的 Si^{4+} 等都属于硬酸类，易与 F^-、O^{2-}、OH^- 配合。因此，以此类配位多面体为结构单元的合成宝石晶体在高温高压条件下的第一类、第二类或第三类强碱弱酸盐等矿化剂水热溶液中都将具有比较大的溶解度，都将有利于晶体的水热法生长，因而它们的应用范围广、效果好。此外，矿化剂种类、过饱和温度范围和溶解度温度系数等对晶体水热法生长的影响表现在以下 4 个方面。

1）溶解度大小与晶体生长

研究表明，当其他条件固定不变时，同种晶体在高温高压条件下的不同种类的矿化剂水热溶液中，其溶解度大小明显不同，有时差别很大。例如，仲维卓（1994）

的研究结果表明，若按石英晶体在高温高压条件下的不同矿化剂水热溶液中的溶解度大小来排列，则矿化剂的排列顺序为：$NH_4F \approx Na_2CO_3 > KOH > NaOH > NaCl$。如前所述，从溶解度的角度来考虑，晶体的水热法生长不仅要求矿化剂溶液对多晶原料具有很强的溶解能力，而且还要求溶液具有比较宽的过饱和温度范围，亦即要求它对环境温度变化和反应腔内温度波动具有较强的应变能力，以确保晶体稳定生长。

2）过饱和温度范围与晶体生长

仲维卓（1994）的研究结果还表明，在人工水晶水热溶解-结晶体系中，若按溶液的过饱和温度范围的宽窄来排列，其顺序为：NaOH（50~60℃）>KOH（10~20℃）>NH_4F（8~10℃）>Na_2CO_3（6~8℃），括号中的温度范围是过饱和温度范围，溶液过饱和温度范围的宽窄直接关系到晶体的生长速度及质量。当其温度范围较宽时，虽然晶体的生长质量较好，生长速度较稳定，生长条件也较易于调节控制，但缺点是生长速度较慢；当其温度范围较窄时，晶体的生长速度虽较快，但质量较差，生长温度也较难于调节控制。由此可见，既能使原料具有较大的溶解度，又能使溶液具有适宜宽度的过饱和温度范围的矿化剂有利于合成宝石晶体优质、快速、稳定地生长。

3）混合矿化剂与晶体生长

所谓混合矿化剂溶液，指的是将两种或两种以上的矿化剂按一定比例配制而成的水溶液。从晶体生长角度来考虑，使用混合的矿化剂比使用单一的矿化剂更有利于晶体的水热法生长。例如，在内径相同的高压釜中及在相同的生长条件下，与使用单一矿化剂 NaOH 的水溶液相比，使用混合矿化剂 NaOH + KOH 的水溶液能使生长速度增大，这是因为混合矿化剂水溶液既发挥了石英在 KOH 溶液中溶解度大的特点，又利用了 NaOH 溶液具有更宽过饱和温度范围的优点，其综合效果就比单一矿化剂 KOH 或者 NaOH 水溶液的效果要好（仲维卓，1994）。同样，我们在水热法生长彩色刚玉宝石晶体时也是采用了混合矿化剂溶液 $KHCO_3$ + $NaHCO_3$。

4）溶解度温度系数与晶体生长

实验研究表明，同种晶体在不同种类的矿化剂热溶液中的溶解度温度系数可有不同的正负值，例如，据 Weirauch 等（1972）的研究结果，刚玉晶体（$\alpha\text{-}Al_2O_3$）在高温高压的酸性矿化剂溶液中（1 mol/L HCl），其溶解度温度系数为负值，而本书作者的研究结果（参见 2.2.3 节中的相关内容）表明，刚玉晶体在高温高压的碱性矿化剂（如 $KHCO_3$ + $NaHCO_3$）溶液中，其溶解度温度系数为正值。与上述相类似的情况也出现在石英（$\alpha\text{-}SiO_2$）、氧化锌（$\alpha\text{-}ZnO$）等晶体上，即它们在高温高压的碱性和酸性的矿化剂溶液中，其溶解度温度系数都分别为正值和负值。对于大多数具有两性性质的氧化物（如 AB 型、A_2B_3 型、AB_2 型和 A_2B_5 型等氧化物）而言，它们既可溶解在高温高压的碱性矿化剂溶液中，也可溶解在高温高压的酸性矿化剂溶液中。如前所述,对于具有负的溶解度温度系数的晶体生长而言,因水热法的外加热方式而使高压釜反应腔内壁附近的温度高于其中心附近的温度,因而当靠近反应腔中心附近的矿化剂溶液成为亚稳过饱和溶液时,那么靠近内壁附近的溶液就成为不稳定的过饱和溶液,因而就会产生自发成核生长,这种自发成核生长往往是最主要的,致使晶体在籽晶片上的生长速度大幅降低或停止。对具有正溶解度温度系数的晶体生长而言,只要原料溶解区与晶体生长区之间的温差及其挡板开孔率选择得既适宜又相互匹配,就不会出现自发成核生长。因此,对属于两性性质的氧化物类或含氧盐类的合成宝石晶体而言,最好选择既能使溶解度温度系数的大小适宜,又能使溶解度温度系数为正值的碱性矿化剂,以利于晶体的水热法生长。

2. 矿化剂浓度与晶体生长

晶体的生长速度不仅与矿化剂浓度有关,而且还与高压釜反应腔的内径存在着一定的关系。例如,仲维卓(1994)在结晶温度为 355～360℃、原料溶解区与晶体生长区之间的温差为 20～30℃、填充度为 85%等固定生长条件下,采用矿化剂 NaOH(其浓度范围为 0.7～1.8 N)或混合矿化剂 NaOH + KOH(其中,NaOH 的浓度范围为 0.33～2.0 N,KOH 浓度范围为 0.3～1.8 N)进行了人工水晶的水热法生长,其实验结果列于表 2.8 中和图 2.24 中。从表 2.8 和图 2.24 中可以看出,人工水晶的生长速度与矿化剂浓度之间存在着明显的规律变化,具体阐述如下。

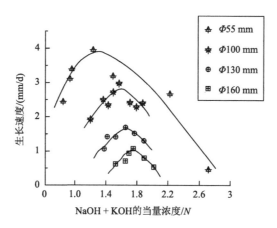

图 2.24　不同口径高压釜中溶剂浓度与生长速度的关系(仲维卓,1994)

当高压釜口径和其他生长条件固定不变时,晶体生长速度就随着矿化剂浓度的增大而提高,但到峰值以后,生长速度则随着矿化剂浓度的增大反而降低,使生长速度-浓度曲线出现倒 U 形的变化规律,原因是:①矿化剂浓度的提高,促使溶解度增大,而溶解度增大又促使晶体生长加快;但在生长速度达到峰值以后,进一步提高矿化剂浓度,将使溶液的离子强度增大,并成为影响离子活度的重要因素,而不再可以忽略不计了。因此,矿化剂浓度越高,离子强度就越大,溶质的离子活度(或有效浓度)也就越低,因而晶体的生长速度也就越慢(参见 2.2.3 节中的相关内容)。②在生长速度达到峰值后,矿化剂浓度的进一步提高也将使溶质-矿化剂水热溶液的密度和黏度随之增大,其中黏度的增大不利于溶液的对流和溶质的输运,也不利于晶体的水热法生长,其生长速度则随着矿化剂浓度的提高而降低。

　　内径和浓度与生长速度峰值的变化规律:在图 2.24 中展示出了在口径为 Φ55 mm、Φ100 mm、Φ130 mm 和 Φ160 mm 等的高压釜中的实验结果。从图 2.24 中可见:在不同口径的高压釜中,晶体生长速度都随着矿化剂浓度的提高而呈现出倒 U 形曲线的变化规律;同时随着高压釜口径的逐渐增大,倒 U 形曲线逐渐向图中的右下方移动。即当其他生长条件不变时,随着高压釜口径的不断增大,晶体生长速度峰值一方面向着矿化剂浓度升高的方向移动,另一方面峰值又不断变小。出现上述变化规律的原因是随着高压釜口径的增大,其内体积按其内径的三次方而迅速增大,结晶生长区的空间、籽晶片的总数量和籽晶片的总表面积等也都随之迅速增大,因而当结晶温度、原料溶解区与晶体生长区之间的温差、矿化剂水溶液的填充度等都固定不变时,只有通过提高矿化剂浓度(当然,也可采取提高温度或增大压力等技术措施),才能增大多晶原料的溶解度,也才能使晶体得以生长,但上述实验结果表明:虽然增大了溶解度,增大了溶质供给数量,但仍满足不了增大的籽晶片总表面积对溶质供给数量的需求,因而晶体生长速度及其峰值仍随着高压釜口径的增大而减小。

　　上述这些密切关系是具有普遍意义的,可完全应用到其他合成宝石晶体和人工功能晶体的温差水热法生长之中,其中特别是将在小口径高压釜上所得到的实验结果应用到大口径高压釜的实验研究时具有更大的实际意义;即若采用温差水热法在口径较大的高压釜上生长晶体时,就要相应地提高矿化剂水溶液的浓度(或相应地提高高压釜反应腔内的温度和压力),确保晶体得以生长。

表 2.8　不同内径高压釜中的矿化剂浓度与晶体生长速度的关系(仲维卓,1994)

高压釜口径/mm	实验编号	矿化剂当量浓度/N			晶体生长速度/(mm/d)
		总当量浓度	NaOH	KOH	
55	1	0.66	0.33	0.33	2.4
	2	0.95	0.50	0.45	3.1
	3	0.95	0.50	0.45	3.4

续表

高压釜口径/mm	实验编号	矿化剂当量浓度/N			晶体生长速度/(mm/d)
		总当量浓度	NaOH	KOH	
55	4	1.10	0.60	0.50	3.3
	5	1.24	0.70	0.54	4.0
	6	1.24	0.70	0.54	4.2
	7	1.42	0.80	0.62	3.5
	8	1.80	1.00	0.80	2.9
	9	2.20	1.20	1.00	2.7
	10	2.67	1.44	1.23	0.5
	11	2.80	1.00	1.80	0.6
	12	0.80	0.80	—	1.8
	13	1.00	1.00	—	2.4
	14	1.20	1.20	—	1.8
	15	1.40	1.40	—	1.4
100	1	1.23	0.67	0.56	2.1
	2	1.24	0.67	0.57	1.9
	3	1.39	0.77	0.62	2.5
	4	1.40	0.79	0.61	2.3
	5	1.44	0.81	0.63	2.8
	6	1.50	0.89	0.61	3.0
	7	1.71	0.98	0.73	2.4
	8	1.78	0.98	0.80	2.2
	9	1.81	0.99	0.82	2.3
	10	1.00	1.00	—	0.9
	11	1.20	1.20	—	1.2
	12	1.50	1.50	—	1.4
160	1	1.50	1.20	0.30	0.53
	2	1.60	1.30	0.30	0.71
	3	1.65	1.20	0.45	0.85
	4	1.70	1.20	0.50	1.00
	5	1.90	1.20	0.70	0.85
	6	1.20	1.20	—	0.50
	7	1.30	1.30	—	0.58
	8	1.50	1.50	—	0.62
	9	1.80	1.80	—	0.50

2.3.6　结晶温度及温差与晶体生长

在合成宝石晶体的水热溶解-结晶体系中，温度参数（包括晶体生长区的结晶温度、原料溶解区的溶解温度及它们之间的温差）首先是决定了 A-B-H$_2$O 水热体系的相关系，其次它与晶体的生长质量和生长速度有着极为密切的关系，这是因为温度参数决定着晶体的结晶活化能、晶体的溶解度、溶液的过饱和度和溶液的对流等，因而它是决定晶体能否优质快速生长的关键因素。此外，合成宝石晶体水热法生长因其自身特点也使温度参数显得格外重要，这是因为：①温度参数与影响晶体水热法生长的其他物理化学参数有着极为密切的联系，是最基本的和最重要的参数；②当晶体在外加热、内加压的高压釜中进行水热法生长时，温度和压力虽可进行实时测量和显示，但目前唯一能够进行实时调控的是温度参数。因此，从人工晶体水热法生长的实际考虑，温度测量的灵敏度、准确度、精确度及其调节控制技术的先进性和可靠性都是至关重要的。

1. 结晶温度与晶体生长

在温差及其他物理化学参数固定不变的生长条件下，人工水晶的生长速度随着结晶温度的升高而增大（图 2.25），且生长速度的对数与其热力学温度的倒数之间呈线性的函数关系（图 2.26），这符合下列经验公式：

$$\frac{\mathrm{d}\log v}{\mathrm{d}t} = \frac{C}{RT^2} \tag{2.20}$$

式中，v——晶体生长速度，mm/d；

　　　C——常数；

　　　R——气体常数；

　　　T——热力学温度，K。

式（2.20）可改写成：

$$\log v = -\frac{C}{2.303RT} + A \tag{2.21}$$

式中，$-\dfrac{C}{2.303R}$ 为 $\log v - \dfrac{1}{T}$ 直线的斜率，A 为该直线的截距。

从图 2.26 可以看出：①在温度和填充度相同的条件下，人工水晶各族晶面的生长速度差别很大（图 2.26 中各直线的斜率相差很大），若按其从大到小的顺序排列则是：底面 $c(0001)$＞小菱面 $r(1\bar{1}01)$＞大菱面 $R(10\bar{1}1)$；②在相同的温度条件下，同一晶面的生长速度随着填充度的增加而增大，如图中的底面 $c(0001)$；③在填充度相同的条件下，各族晶面的生长速度均随着温度的升高而增大，但其生长

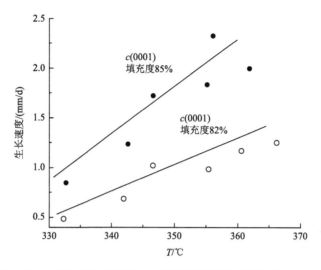

图 2.25　人工水晶生长速度与结晶温度的关系（仲维卓，1994）

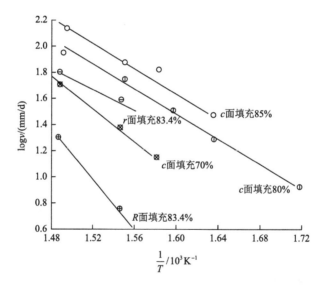

图 2.26　人工水晶生长速度的对数与热力学温度倒数的关系（Laudise，1959）

速度的温度系数（图中直线的斜率）却有着十分明显的差别，而其中又以大菱面 $R(10\bar{1}1)$ 生长速度的温度系数最大，也就是说大菱面 $R(10\bar{1}1)$ 生长速度对温度变化是最敏感的。如果从能量的观点来分析，各族晶面在相同的温度和填充度条件下所具有的明显不同的生长速度是与晶体在各族晶面上结晶生长时所需要的结晶活化能有着非常密切关系的。例如，Laudise（1959）计算得出：在高压釜反应腔里的填充度为 80%～85%的条件下，并当人工水晶在底面 $c(0001)$ 上生长时，其所需

要的结晶活化能为 19.9 kcal/mol[①]。Jost（1958）也曾计算得出：人工水晶在底面
$c(0001)$ 上生长时所需要的结晶活化能为 20 kcal/mol，而在小菱面 $r(1\bar{1}01)$ 上生长
时所需要的结晶活化能则为 22 kcal/mol。由此可见，当人工水晶在水热体系中进
行生长时，所需结晶活化能较大的晶面的生长速度较小。这是因为当晶体在该晶
面上结晶生长时，需要消耗更多的能量才能越过活化能这一能垒而进入晶格位中。
此外，需要着重指出的是：所需结晶活化能较大的晶面，其在高温区段的生长速
度随着温度的升高而增大得更快，亦即与较低温度区段的生长速度温度系数相比，
在较高温度下的生长速度温度系数要大得多，即其生长速度对温度的变化更敏
感。因此，在合成宝石晶体的水热法生长中，当籽晶为生长速度温度系数较大的
晶面时，对温度波动，其中特别是当晶体在较高温度下生长时的温度波动要足够
地重视和予以严格的控制，否则较小的温度波动就可能会引起生长速度的较大变
化，并引起晶体缺陷的产生，破坏晶体结构的完整性和均匀性。

　　石英晶体在特定的压力条件下，其溶解度与温度的关系除了可用式（2.8）、
式（2.9）表述外，还可用式（2.22）予以表述：

$$\left(\frac{\mathrm{d}\ln S}{\mathrm{d}T}\right)_p = \frac{\Delta H}{RT^2} \tag{2.22}$$

式中，S ——溶解度，g/L；

　　　ΔH ——溶解热，J/mol；

　　　R ——气体常数，8.314 J/(mol·K)；

　　　T ——热力学温度，K。

　　仲维卓（1994）实验研究了石英晶体在质量分数为2%、10%和30%的 KCl
溶液中的溶解度与温度的关系，其结果是：溶解度对数与热力学温度倒数之间
的关系为线性关系，如图 2.27 所示。将图 2.27 与图 2.26 进行对比可知，人工水
晶各族晶面的生长速度及石英溶解度均随着温度的升高而增大，且其生长速度
对数与热力学温度倒数、溶解度对数与热力学温度倒数都呈线性关系，由此可
以推断：人工水晶各族晶面的生长速度必随着石英溶解度的增大而增大。同时，
与较低温度相比，在较高温度下的溶解度温度系数和生长速度温度系数都要大
得多。因此，当晶体在较高温度下进行水热法生长时，必须严格地控制温度的
波动。

2. 温差与晶体生长

　　所谓温差（或称为温度梯度），指的是在合成宝石晶体水热生长体系中的原料
溶解区与晶体生长区之间的温度差，但在实际工作中，所指的原料溶解区温度和

----

　　① 1 kcal = 4186.8 J。

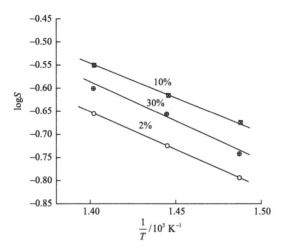

图 2.27　水晶溶解度对数值与热力学温度倒数之间的关系（仲维卓，1994）

晶体生长区温度都分别是它们的平均温度，因而其温差也是平均温差（若不特别说明，文中所指的温度都是平均温度）。在晶体的水热法生长中，通常所采用的是正温差水热法，即 $\Delta T = T_{溶解} - T_{结晶} > 0$。对于合成宝石晶体水热法生长来说，温差的重要作用是：①直接关系到溶质-矿化剂溶液在结晶生长区的过饱和度（ΔS 或 Δc），温差越大，过饱和度就越大；②直接关系到溶液对流以及溶质和热量的传输，温差越大，溶液对流就越强，溶质和热量的传输速度就越快；③直接关系到晶体的生长速度及生长质量，温差越大，生长速度就越大，但晶体质量往往较差，因而需要根据生长质量的好坏来选定合适的生长速度，也就是要确定生长质量与生长速度之间的匹配关系。下面，将着重阐述过饱和度、溶液对流和溶质供应等与晶体生长的关系。

1）过饱和度与晶体生长

在晶体生长速度与溶质-矿化剂水溶液的过饱和度之间存在着非常密切的关系，这可从式（2.16）中看出。式（2.16）也可用下面的式（2.23）（张克从等，1997）来表达：

$$v = K_v \cdot \alpha \cdot \Delta S \qquad (2.23)$$

式中，v ——晶体生长速度；

　　K_v ——速度平衡常数；

　　α ——换算因子；

　　ΔS ——溶液的过饱和度，$\Delta S = c - c^*$，其中，c 为晶体生长区溶液处于过饱和状态下的实际浓度，其数值上等于原料溶解区的饱和浓度；c^* 为晶体生长区的饱和浓度。

从式（2.23）中可以看出，晶体生长速度的大小与溶质-矿化剂溶液过饱和度的大小成正比；而溶液过饱和度的大小又与温差的大小成正比，即温差越大，溶液过饱和度就越大，因而晶体的生长速度也就越大。然而，溶液过饱和度越高，就越有可能引起自发成核生长而产生大量的杂晶，反而不利于晶体生长。因此，只有当原料溶解区温度、晶体生长区温度以及它们之间的温差处在相互匹配的关系时，才能使溶解度、过饱和度、生长速度和生长质量等也处在最佳匹配状态，也才能确保晶体优质快速生长。所以说，调节与控制原料溶解区温度和晶体生长区温度及它们之间的温差、并使它们处在最佳匹配关系的技术，乃是合成宝石晶体水热法生长的至关重要的技术之一（参见 3.2、3.4 节中的相关内容），需要进行全面深入的实验研究。

2）溶液对流与晶体生长

温差除了决定晶体生长区中的溶液过饱和度外，还决定了溶液对流以及溶质和热量输运，并对晶体生长界面的稳定性及其生长质量的好坏和生长速度的大小都产生极为重要的影响。溶液对流、溶质输运和热量传输是由于原料溶解区热的饱和溶液密度（$\rho_{热}$）与晶体生长区被"消耗过"的冷的溶液的密度（$\rho_{冷}$）之间存在着密度差（$\Delta\rho$）而产生的，并在压力和平均温度保持不变的条件下，其密度差可用下列关系式来表示：

$$\Delta\rho = \alpha\rho\Delta T - \gamma\Delta T = (\alpha\rho - \gamma)\Delta T \tag{2.24}$$

式中，α——溶液的热膨胀系数，K^{-1}；

　　　ρ——溶液的密度，g/cm^3；

　　ΔT——原料溶解区与晶体生长区之间的温差，℃；

　　　γ——溶液的密度温度系数，$g/(cm^3 \cdot ℃)$；

从式（2.24）中可以看出，对于合成宝石晶体正温差水热法生长来说，只有当 $\Delta\rho > 0$ 时，亦即 $\alpha\rho - \gamma > 0$ 时，溶液对流、溶质输运和热量传输才有可能发生，这是水热法生长晶体的必要条件，如果没有溶液对流，就不可能发生溶质和热量的输运，晶体也就不可能生长，而满足上述要求的条件是 α 必须随着压力的升高而增大。对于一般的液体介质而言，当其温度处在水的临界温度以上时，因气相成分的增加，热膨胀系数 α 就随着压力的升高而增大，于是就满足了 $\alpha\rho - \gamma > 0$ 的要求。而当其温度处在水的临界温度以下时，热膨胀系数（α）就将随着压力的升高反而减小，有可能会出现 $\alpha\rho - \gamma < 0$ 的情况，此时就不可能产生溶液对流、溶质输运和热量传输。由此可见，当进行合成宝石晶体水热法生长时，最好使其水热溶解-结晶体系的温度处在水的临界温度（374℃）以上，以便确保热膨胀系数（α）随着压力的升高而增大，确保在该体系中产生溶液的对流、溶质的输运和热量的传输，从而促进合成宝石晶体的水热法生长。

需要指出的是：为确保在合成宝石晶体水热溶解-结晶体系中产生溶液对流，应使溶解温度处在该体系临界温度以上。研究结果表明，合成宝石晶体水热溶解-

结晶体系的临界温度一般比纯水体系的临界温度要高一些，且该体系溶质-矿化剂水热溶液的浓度越大，其临界温度也就越高。例如，表 2.9 所列出的 NaCl-H$_2$O 体系中的临界参数表明，其临界温度和临界压力随着临界成分浓度的增大而升高，就是一个很好的佐证。

表 2.9　NaCl-H$_2$O 体系的临界参数（曾贻善，2003）

临界温度/℃	临界压力/MPa	临界成分/%
374	221	0
390	260	1.7
400	285	2.6
425	356	5.0
450	422	7.1
475	505	9.3
500	590	11.5
525	670	13.6
550	760	15.6
600	922	19.6
650	1082	23.2
700	1237	26.4

3）溶质供应与晶体生长

在合成宝石晶体水热溶解-结晶体系中即使产生了输运过程，溶质供应还有可能出现两种情况：①溶质被输送到晶体生长区的质量比在籽晶片上结晶生长时所需的质量多，即溶质供给充足；②溶质被输送到晶体生长区的质量比在籽晶片上结晶生长时所需的质量少，即溶质供给不足。当出现第一种情况时，因溶质供给充足，故晶体生长速度仅与溶液过饱和度成正比，其关系式见式（2.16），因而控制晶体的生长就比较容易。当出现第二种情况时，晶体生长速度（v）与被输送到晶体生长区的溶质质量（m）以及溶液过饱和度（ΔS）成正比，而与籽晶片面积（B）成反比，其关系式如下：

$$v = \frac{K_v \cdot \Delta S \cdot m}{B} \tag{2.25}$$

从式（2.25）中可以看出，当溶质供给不足时，晶体生长速度决定于 m、ΔS 和 B 三个参数，因而控制晶体水热法生长就比较困难一些。对此，应采取下列技术措施以避免上述第二种情况的出现：①提高多晶原料在水热溶解-结晶体系中的溶解度，以便从根本上解决溶质供应不足的问题；②适当增大温差，以便加快溶质-矿化剂溶液的温差对流，强化溶质输运和供应；③适当提高多晶原料与籽晶片的初始表面积比值，这一方面增大了多晶原料的初始溶解表面积，有利于提高溶解的速度；另一方面又相对地降低了籽晶片的初始表面积，从而有利于生长速度的提高；④适当降低初始的液固比值，即增大多晶原料的初始加入量，增大溶解面积以促进其溶解。

　　合成宝石晶体长周期的水热法生长过程中，上述这些技术措施对保证溶质供应充足和保证晶体稳定快速生长都具有重要意义。

2.3.7　压力（或填充度）与晶体生长

　　压力（或填充度、填充系数）是影响合成宝石晶体水热法生长的重要因素，与晶体生长质量和生长速度都存在密切关系。在相同生长条件下，填充度越大，水热溶解-结晶体系中的压力就越高（参见图 2.9、图 2.10），晶体生长速度也就越大。仲维卓（1994）在矿化剂 NaOH 和 KOH 浓度分别为 0.6 N 和 0.4 N 的情况下，当用 $c(0001)$、$R(10\bar{1}1)$ 和 $r(1\bar{1}01)$ 三种切型的籽晶片进行水热法生长时，其生长速度随着填充度的增大而增大，如图 2.28 所示。

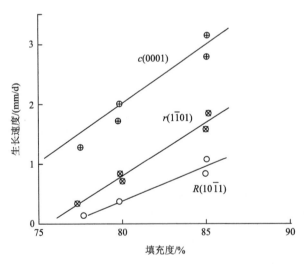

图 2.28　填充度-生长速度关系（仲维卓，1994）

　　Hirano 等（1986）等在浓度为 7.25 mol/L 的 H_3PO_4 溶液中及在不同压力条件下，实验研究了 $GaPO_4$ 晶体的溶解度与温度的关系（图 2.29）。从图中可见到，$GaPO_4$ 晶体溶解度的对数 $\log S$ 与其热力学温度倒数 $\left(\dfrac{1}{T}\right)$ 之间呈线性关系（其溶解度温度系数为负值）；同时，其溶解度也随着压力增大而增大。在 2.3.5 节中已经阐明：人工水晶各族晶面的生长速度及石英的溶解度均不仅随着温度的升高而增大，而且其生长速度的对数与热力学温度的倒数、溶解度的对数与热力学温度的倒数都呈线性关系，并由此推断，人工水晶各族晶面的生长速度必随着石英溶解度的增大而增大。对 $GaPO_4$ 晶体来说，上述结论也是正确的，其生长速度也会随压力升高而增大。

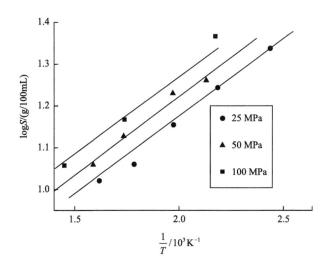

图 2.29　$GaPO_4$ 的 $\log S$ - $\frac{1}{T}$ 关系（Hirano et al.，1986）

　　研究结果表明，溶解度的大小与矿化剂水热溶液的密度及其介电常数的大小是密切相关的，即密度和介电常数越大，溶解度也就越大；而密度和介电常数又随着体系中压力的提高而提高。由此可见，压力直接影响了溶质-矿化剂水热溶液的密度和介电常数，而压力又通过溶液的密度和介电常数影响晶体的溶解度，并通过溶解度最终影响晶体的生长速度和生长质量。由此可见，压力就是通过类似于上述这样一条"连锁作用链"来产生它在人工晶体水热法生长中所起的重要影响的。

　　仲维卓（1994）指出：人工水晶底面 $c(0001)$ 上的三棱锥状结构与平行和斜交于 z 轴的裂纹有着极为密切的生成联系。实验证明，三棱锥的形成与溶液中的碱度、高压釜反应腔内的填充度以及溶质在人工水晶生长时的供应状况都有着非常密切的关系：①溶液中碱浓度提高，溶质供应充足，均可抑制三棱锥状结构在 $c(0001)$ 面上的发育；②在温度一定的条件下，增大高压釜反应腔内的填充度（即提高压力），不仅可以抑制 $c(0001)$ 面上三棱锥的发育（图 2.30），而且还可以相应地提高人工水晶的生长速度和生长质量。若对上述实验结果进行深入分析就可以看出，压力的升高将使溶质-矿化剂溶液的密度和介电常数增大，而这又促使熔炼石英溶解度的同步提高。此外，溶液中碱浓度的提高也将促使熔炼石英溶解度的同步提高。于是，在人工水晶的水热法生长过程中，溶质输运不仅是通畅的，而且供应也是充足的，这既有利于抑制三棱锥状结构的发育，又有利于晶体生长质量的提高及其生长速度的加快。由此可见，压力在本例中也是通过这样一条"连锁作用链"来实现其抑制 $c(0001)$ 面上三棱锥状结构的发育的。

最后，应当强调指出的是：在合成宝石晶体水热溶解-结晶体系中，当有挥发性组分参与反应时或在相转变过程中伴随体积的较大变化时，压力对晶体的水热溶解和水热生长都将产生比较明显的影响，即压力的提高将更有利于晶体的水热溶解和水热生长。因此，必须深入地研究合成宝石晶体水热体系中的压力与晶体生长之间的密切关系，并要采取适当的技术措施对体系中的压力进行严格而有效的调节控制。

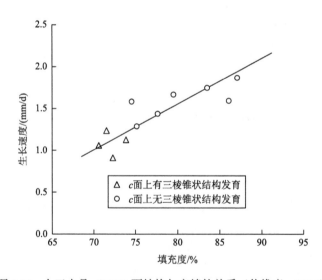

图 2.30　人工水晶 $c(0001)$ 面结构与充填的关系（仲维卓，1994）

参 考 文 献

陈振强，曾骥良，仲维卓，等，2002. 祖母绿晶体水热生长习性研究[J]. 人工晶体学报，31（2）：94-98.

陈振强，周卫宁，曾骥良，等，2003. 适合生长祖母绿晶体的水热新体系的研究[J]. 人工晶体学报，32（3）：267-271.

李旺兴，2010. 氧化铝生产理论与工艺[M]. 长沙：中南大学出版社.

卢焕章，李秉伦，沈崑，等，1990. 包裹体地球化学[M]. 北京：地质出版社.

曾贻善，2003. 实验地球化学[M]. 2 版. 北京：北京大学出版社.

张昌龙，余海陵，周卫宁，等，2002. 桂林水热法合成红宝石晶体[J]. 珠宝科技，14（1）：15-18.

张克从，张乐潓，1997. 晶体生长科学与技术：上册[M]. 2 版. 北京：科学出版社.

仲维卓，1994. 人工水晶[M]. 2 版. 北京：科学出版社.

Belt R F，Ings J B，1993. Hydrothermal growth of potassium titanyl arsenate（KTA）in large autoclaves[J]. Journal of Crystal Growth，128（1-4）：956-962.

Callahan M，Wang B G，Rakes K，2006. GaN single crystals grown on HVPE seeds in alkaline supercritical ammonia[J]. Journal of Materials Science，41（5）：1399-1407.

Chernov A A，Alexandera A，1984. Crystal Growth[M]. Berlin：Springer-Verlag.

Frank E U，1970. Water and aqueous solutions at high pressures and temperatures[J]. Pure and Applied Chemistry，24（1）：13-30.

Friedman I，1950. Immiscibility in the system $H_2O-Na_2O-SiO_2$[J]. Journal of the American Chemical Society，72（10）：4570-4574.

Hale D R，1948. The laboratory growing of quartz[J]. Science，107（2781）：393-394.

Hirano S I，Miwa K，Naka S，1986. Hydrothermal synthesis of gallium orthophosphate crystals[J]. Journal of Crystal Growth，79（1-3）：215-218.

Jia S Q，Jiang P Z，1985. Crystal growth from solution in the institute of physics of the Chinese academy of sciences[J]. Progress in Crystal Growth and Characterization，11（4）：335-350.

Jia S Q, Jiang P Z, Niu H D, et al., 1986. The solubility of $KTiOPO_4$(KTP) in KF aqueous solution under high temperature and high pressure[J]. Journal of Crystal Growth，79（1-3）：970-973.

Jost A，1958. Growth and Perfection of Crystals：Proceedings of An International Conference on Crystal Growth，Cooperstown[M]. New York：Wiley.

Kennedy G C, 1950a. Pressure-volume-temperature relations in water at elevated temperatures and pressures[J]. American Journal of Science，248：540-564.

Kennedy G C，1950b. A portion of the system silica-water[J]. Economic Geology，45（7）：629-653.

Ketchum D R，2001. Crystal growth of gallium nitride in supercritical ammonia[J]. Journal of Crystal Growth，222（3）：431-434.

Kolb E D, Key P L, Laudise R A, et al., 1983. Pressure-volume-temperature behavior in the system $H_2O-NaOH-SiO_2$ and its relationship to the hydrothermal growth of quartz[J]. Bell System Technical Journal，62（3）：639-656.

Laudise R A，Ballman A A，1958. Hydrothermal synthesis of sapphire[J]. Journal of the American Chemical Society，80（11）：2655-2657.

Laudise R A，1959. Kinetics of hydrothermal quartz crystallization[J]. Journal of the American Chemical Society，81（3）：562-566.

Laudise R A，1970. The Growth of Single Crystals[M]. New Jersey：Prentice-Hall.

Laudise R A，Nielsen J W，1961. Hydrothermal crystal growth [J]. Physical Review B Solid State，12：149-222.

Laudise R A，Cava R J，Caporaso A J，1986. Phase relations，solubility and growth of potassium titanyl phosphate，KTP[J]. Journal of Crystal Growth，74（2）：275-280.

Marshall W L，Franck E U，1981. Ion product of water substance，0—1000℃，1—10,000 bars new international formulation and its background[J]. Journal of Physical and Chemical Reference Data，10（2）：295-304.

Quist A S，Marshall W L，1968. Electrical conductances of aqueous sodium chloride solutions from 0 to 800℃ and at pressures to 4000 bars[J]. The Journal of Physical Chemistry，72（2）：2100-2105.

Ttuttle O F, Friedman I I, 1948. Liquid Immiscibility in the system H$_2$O-Na$_2$O-SiO$_2$[J]. Journal of the American Chemical Society, 70 (3): 919-926.

Uematsu M, Franck E U, 1980. Static dielectric constant of water and steam[J]. Journal of Physical and Chemical Reference Data, 9 (4): 1291-1306.

Weirauch D F, Kung R, 1972. The hydrothermal growth of Al$_2$O$_3$ in HCl solutions[J]. Journal of Crystal Growth, 19 (2): 139-140.

第 3 章　合成宝石晶体水热法生长的技术和工艺

合成宝石晶体水热法生长的技术和工艺，直接关系到晶体生长的质量优劣、速度快慢、尺寸大小、产量高低和效益好坏等。经验表明，一种晶体的成功应用往往取决于生长技术的先进性及成熟度。由此可见，合成宝石晶体的水热法生长的技术和工艺至关重要。本章着重阐述高压釜及其配套的温差井式电阻炉的设计制造、测温控温、溶解度测试、挡板及开孔率、氧化-还原调控、色彩混合和反应腔体积测量等水热法生长技术。其中，有的是作者独创的，有的是经过改进完善的。上述水热法生长技术简单实用，应用效果好。此外，本章还在总结实际工作经验的基础上阐述装釜前的准备、黄金衬套管封装、高压釜密封、宝石晶体生长、开釜取出晶体五个流程中的具体工艺和操作步骤。

3.1　高压釜及其配套的温差井式电阻炉的设计制造

3.1.1　概述

古人云："工欲善其事，必先利其器。"性能优异的高压釜及其配套的温差井式电阻炉等就是在合成宝石晶体水热法生长中不可或缺的利器，是非常关键的专用设备。我们根据研究开发的目的和任务，并根据现有高温合金的真空冶炼、高温锻造和机械加工等技术水平，先后设计制造了釜体由高温合金（如牌号为GH4698、GH4169 和 GH2901 等）制造的不同类型、不同规格的高压釜，它们分别是：①外螺帽式自紧密封高压釜，如釜体由 GH4698 高温合金制造、反应腔尺寸为 $\Phi 22\,mm \times 250\,mm$（图 3.1）和 $\Phi 30\,mm \times 460\,mm$ 等高压釜；②法兰盘式自紧密封高压釜，如釜体由 GH4169 和 GH2901 等高温合金制造、反应腔尺寸为 $\Phi 38\,mm \times 700\,mm$、$\Phi 42\,mm \times 750\,mm$、$\Phi 60\,mm \times 1100\,mm$ 和 $\Phi 70\,mm \times 1300\,mm$ 等高压釜（图 3.2）；③内螺纹式自紧密封高压釜，如釜体由 GH2901 等高温合金制造、反应腔尺寸为 $\Phi 90\,mm \times 1500\,mm$ 高压釜（图 3.3）。上述三种类型的高压釜均可在 $T \leqslant 600\,℃$ 和 $p \leqslant 180\,MPa$（其中，釜体由 GH4698 高温合金制造的 $\Phi 22\,mm \times 250\,mm$ 和 $\Phi 30\,mm \times 460\,mm$ 高压釜可在 $T \leqslant 650\,℃$ 和 $p \leqslant 500\,MPa$）条件下安全可靠、长周期连续地运行。与此同时，还设计制造了与上述高压釜一一配套的温差井式电阻炉，它们的加热电功率范围为 4～30 kW，其温场特性及其稳定性能良好。

实际应用结果表明，上述各种类型高压釜及其配套的温差井式电阻炉等专用设备可完全满足合成宝石晶体水热法生长的技术要求。同时，实验结果还表明高压釜反应腔的体积越大，越有利于合成宝石晶体的水热法生长，这是因为：①反应腔的体积越大，高压釜的质量和热容量就越大，对环境温度变化的抵抗能力也就越强，反应腔内的温度波动也就越小，其温场的稳定性能也就越好，晶体的生长质量就越高；②反应腔的体积越大，越有利于生长大尺寸的合成宝石晶体，就越有利于提高晶体的生长速度，越有利于提高单炉产量。因此，在设计制造高压釜的过程中，只要条件允许和技术成熟，就一定要设计制造反应腔体积尽可能大的高压釜。

高压釜的类型、反应腔的体积虽然各有不同，但其设计制造的基本原理是相同的。因此，本节将以 Φ60 mm×1100 mm 型高压釜为例来具体阐述高压釜的设计与制造，有关的设计理论及计算公式可参考本章所附的参考文献（如：邵国华等，2002；郑津洋等，2015；中国金属学会高温材料分会，2012）。

图 3.1　Φ22 mm×250 mm 型外螺帽式　　　图 3.2　Φ60 mm×1100 mm 型法兰盘式自紧密封
　　　　自紧密封高压釜　　　　　　　　　　　　　高压釜

图 3.3　Φ90 mm×1500 mm 型内螺纹式自紧密封高压釜

3.1.2　Φ60 mm×1100 mm 型高压釜的设计制造

1. Φ60 mm×1100 mm 型高压釜的密封原理、结构构造与零件组成

Φ60 mm×1100 mm 型高压釜属法兰盘式自紧密封高压釜（图 3.2），在其设计制造中采取了双锥面的自紧密封结构（图 3.4）。自紧密封由著名的高压物理学家 P. W. Bridgman 发明，故又称为 Bridgman 密封，或无补偿（支持）面密封。其工作原理是高压容器内部的压力作用于塞头的力分布在比塞头面积小的密封垫圈的环形面积上，由于预紧力先已使垫圈材料处于屈服状态（可能泄漏的缝隙已填满），所以当垫圈中的应力大于容器内的工作压力时，即可保证高压釜的密封。只要工作压力不低于预紧力在垫圈中产生的压力，保持密封的压力差就存在，而且还随着工作压力的升高而增大，故称为自紧密封。所谓双锥面，指的是密封垫圈（密封环）的外圆锥面和内圆锥面等两个锥面，前者的锥角一般为 10°～15°，后者的锥角一般为 44°～45°，并要求它们相互紧密配合。外圆锥角越小，高压釜的自紧密封系数就越大，其密封就越容易，可靠性也就越高，但在开启高压釜时则比较困难一些，因而要根据高压釜反应腔的内径大小来选择外圆锥角的大小。一般说来，当反应腔的内径较小时，就可选用较小一些的外圆锥角；反之，则应选用

较大一些的外圆锥角。例如，对于 $\Phi60\,mm\times1100\,mm$ 型高压釜，作者选用的外圆锥角为 15°，该高压釜的密封性能好，开启也较容易。

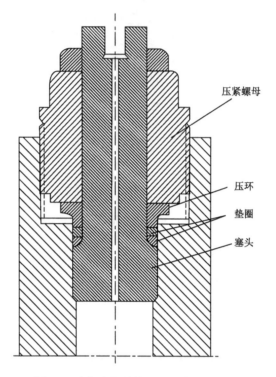

图 3.4 自紧密封结构（曾贻善，2003）

$\Phi60\,mm\times1100\,mm$ 型高压釜结构见图 3.5，无须赘述，但需要补充说明的是：在图 3.2 中，隔热阻挡层是由不锈钢制造的上下两个隔热圈与由硅酸铝纤维毯制成的中间隔热层组成的（参见 3.2.2 节的相关内容和图 3.11）。

2. $\Phi60\,mm\times1100\,mm$ 型高压釜设计制造的技术指标

根据合成宝石晶体水热法生长研究开发的需要，所拟定的设计制造的技术指标如下：①高压釜反应腔的内尺寸为 $\Phi60\,mm\times1100\,mm$，反应腔的内直径为 60 mm，高度为 1100 mm，其长径比（反应腔高度/反应腔直径）为 18.3；釜体的内径为 60 mm，外径为 220 mm，其内外径比（外径/内径）为 3.67；内体积约为 3082 mL；②高压釜的最高工作温度为 600℃，在此温度下的最大工作压力为 180 MPa；③釜体在高温高压下的去离子水中必须具有很强的耐腐蚀能力；④高压釜的使用寿命（累计的安全运行时间）要求至少达到 36 000 h；⑤高压釜的封装和开启都比较容易，操作维修方便，工作安全可靠。

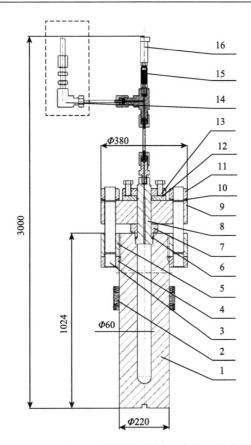

图 3.5　Φ60 mm×1100 mm 型高压釜结构示意图（图中单位：mm）

1. 釜体；2. 隔热阻挡层；3. 法兰盘螺杆；4. 法兰盘螺杆下螺母；5. 下法兰盘；6. 密封环；
7. 压环；8. 釜塞；9. 上法兰盘；10. 螺杆；11. 法兰盘螺杆上螺母；12. 拔塞垫块；
13. 拔塞盘；14. 超压泄放装置；15. 散热装置；16. 压力传感器

3. Φ60 mm×1100 mm 型高压釜的设计制造的材料

在 Φ60 mm×1100 mm 型高压釜的设计制造中，凡需要承受高温高压的零件，均选用高温机械强度高且具有良好的塑性和耐冲击韧性的高温合金来制造。其中，釜体材料选用牌号为 GH2901 的 Fe-Ni-Cr 基沉淀硬化型变形高温合金，材料的高温持久强度是在选材时优先考察的性能指标，所选高温合金的机械性能如表 3.1 所列。

4. Φ60 mm×1100 mm 型高压釜釜体设计制造强度的计算与校核

该型高压釜所有承受高温高压的零件均根据第四强度理论（或最大形变理论）以及高温合金在 600℃下的机械强度（其中，高温持久强度按累计运行时间 36 000 h 推算）进行了设计强度计算及其校核。限于篇幅，本书仅阐述釜体、法兰盘和螺栓等设计强度的计算和校核。

1）釜体设计强度的计算

下面将阐述釜体的高温许用应力、外径（D_w）与内径（D_n）之比值、高温使用应力、爆破压力和盲底厚度等的计算结果。

（1）釜体高温（600℃）下的许用应力$[\sigma]_{0.2}^t$的计算

$$[\sigma]_{0.2}^t = \frac{\sigma_{0.2}^t}{\eta_s^t} \qquad (3.1)$$

式中，η_s^t——温度t时的标准安全系数，取$\eta_s^t = 1.6$；

$\sigma_{0.2}^t$——高温合金在600℃下的屈服强度，见表3.1，$\sigma_{0.2}^t = 8100 \text{ kg/cm}^2$。

将上述取值代入式（3.1）计算得出：$[\sigma]_{0.2}^t = 496.1$ MPa。

表 3.1　高温合金机械性能

零件名称	高温合金牌号	温度/℃	机械性能			
			σ_b /(kg/cm^2)	$\sigma_{0.2}$ /(kg/cm^2)	σ_d /(kg/cm^2)	α_k /(kg·m/cm^2)
釜体	GH2901	20	12 500	8 900		5.5～6.5
		600	10 800	8 100	6 500（1 200～1 800 h）	8.0～10.0
		600			5 300（36 000 h）	8.0～10.0
压环螺栓	GH4033	20	11 000～12 000	7 100～8 500		4.3～5.7
		600	9 700～10 300	6 200～6 700	7 000（51～78 h）	
塞子螺母	GH2135	20	12 200	7 300～7 700		3.45
		600	11 000～11 200	7 800～8 100		5.5
法兰盘垫圈	GH2036	20	9 900	6 900		4.8
		600	6 700	5 600	2 550（36 000 h）	6.3

注：① σ_b、$\sigma_{0.2}$、σ_d、α_k分别表示高温合金的抗拉强度、屈服强度、持久强度和冲击韧性；②单位换算：1 kg/cm^2 = 0.098 MPa；③密封环选用黄铜（H62）制造；④表3.1中数据引自中国金属学会高温材料分会（2012）。

（2）釜体外径（D_w）与内径（D_n）的比值K

$$K = \frac{D_w}{D_n} = \sqrt{\frac{[\sigma]_{0.2}^t}{[\sigma]_{0.2}^t - \sqrt{3}p}} \qquad (3.2)$$

式中，p——最高工作压力，$p = 180$ MPa。

代入式（3.2）计算得出：$K = 1.64$；

考虑到增加壁厚，可提高工作压力和延长使用寿命，故实际设计时取$K = 3.433$，即$D_w = 206$ mm，$D_n = 60$ mm。

（3）釜体高温使用应力σ^T

$$\sigma^T = \frac{\sqrt{3}pK^2}{K^2 - 1} \qquad (3.3)$$

经计算，$\sigma^T = \dfrac{\sqrt{3} \times 180 \times 3.433^2}{3.433^2 - 1} = 340.7\,\text{MPa}$，与式（3.1）比较，$\sigma^T < [\sigma]_{0.2}^t$，即使用应力在安全许可的范围内。

（4）釜体高温爆破压力 p_b

$$p_b = \frac{2}{\sqrt{3}} \sigma_d^t \left(2 - \frac{\sigma_d^t}{\sigma_c^t} \right) \ln K \tag{3.4}$$

式中，σ_d^t——600℃下的持久强度；$\sigma_d^t = 5300\,\text{kg/cm}^2$（36 000 h）；

　　　σ_c^t——600℃下的蠕变强度，$\sigma_c^t = \dfrac{\sigma_d^t}{\eta_c^t}$；

　　　η_c^t——标准安全系数，通常取值 1.2。

代入式（3.4）计算得出：$p_b = 591.8\,\text{MPa}$。

因上式计算结果存在 10%～15% 的误差，故用系数 1.25 予以修正，于是，$p_b = 591.8/1.25 = 473.4\,\text{MPa}$；与式（3.3）相比，$p_b > \sigma^T$，即高温爆破压力远大于高温使用应力。

（5）釜体盲底厚度 δ

$$\delta = D_\text{w} \sqrt{\frac{pF}{2[\sigma]_b^t}} \tag{3.5}$$

式中，$[\sigma]_b^t = \dfrac{\sigma_b^t}{\eta_b^t}$；

　　　η_b^t——标准安全系数，取 $\eta_b^t = 3$；

　　　σ_b^t——高温抗拉强度，$\sigma_b^t = 10800\,\text{kg/cm}^2$。

计算得出：$[\sigma]_b^t = 352.8\,\text{MPa}$。

式（3.5）中的 F 由下式定义：

$$F = \frac{3}{8}(1-f)^2 \left[(1-\mu)(2-f^2) + 4(1+\mu)\left(1 + 2\ln\frac{2-f}{2-2f} \right) \right]$$

式中，μ——泊松比，$\mu = 0.3$；

　　　$f = \dfrac{D_\text{w} - D_\text{n}}{D_\text{w}} = 0.71$。

计算得出：$F = 0.459$。

代入式（3.5）计算得出：$\delta = 70.5\,\text{mm}$，实际设计时取 $\delta = 89\,\text{mm}$，更安全耐用。

2）釜体设计强度的校核

按承受最高工作温度 600℃、最高工作压力 180 MPa 对釜体相对于内壁弹性失效的安全裕度、相对于爆破失效的安全裕度和高温蠕变强度的安全裕度等进行了校核，其结果如下。

（1）釜体相对于内壁弹性失效的安全裕度

$$\sigma_E = \frac{2K^2 p}{K^2 - 1} \tag{3.6}$$

式中，σ_E——内壁弹性失效时的应力；

K——外径与内径之比；

p——最高工作压力。

计算得出：$\sigma_E = 393.4 \text{ MPa}$。

于是，实际安全系数 $\eta_s = \dfrac{\sigma_{0.2}^t}{\sigma_E} = 2.02$。

对比式（3.1）中的标准安全系数 η_s^t，可见 $\eta_s > \eta_s^t$，即实际安全系数比标准安全系数大，设计留有足够的安全裕度。

（2）釜体相对于爆破失效的安全裕度

$$p_b = \frac{2}{\sqrt{3}} \sigma_{0.2}^t \left(2 - \frac{\sigma_{0.2}^t}{\sigma_b^t}\right) \ln K \tag{3.7}$$

式中，p_b——釜体爆破压力。

将 $\sigma_{0.2}^t = 8100 \text{ kg/cm}^2 = 793.8 \text{ MPa}$，$\sigma_b^t = 10800 \text{ kg/cm}^2 = 1058.4 \text{ MPa}$，$K = 3.433$ 代入，可计算得出：$p_b = 1413.2 \text{ MPa}$。

由此得出实际安全系数 $\eta_b = \dfrac{p_b}{p} = 7.85$。因此，实际安全系数 η_b 是式（3.5）中的标准安全系数 η_b^t 的 2.6 倍，表明设计很安全。

（3）釜体高温蠕变强度的安全裕度

根据第四强度理论：

$$\sigma_{Eq} = \frac{\sqrt{3}K^2}{K^2 - 1} p \tag{3.8}$$

式中，σ_{Eq}——釜体内壁面的当量应力（或称相当应力）。

计算得出：$\sigma_{Eq} = 340.7 \text{ MPa}$。由此得到实际安全系数 $\eta_D = \dfrac{\sigma_d^t}{\sigma_{Eq}} = 1.52$，其中 σ_d^t 为 GH2901 合金在 36 000 h、600℃高温下的持久强度。对比式（3.4）中的标准安全系数 η_c^t，可见 $\eta_D > \eta_c^t$。

3）釜体在常温高压下试压的强度校核

为保证高压釜在常温和最高压力 220 MPa 的条件下能够安全地进行耐压试

验，对釜体相对于内壁弹性失效的安全裕度和相对于爆破失效的安全裕度进行了校核，其结果如下。

（1）相对于内壁弹性失效的安全裕度

$$\sigma_E' = \frac{2K^2 p_{RT}}{K^2 - 1} \tag{3.9}$$

式中，p_{RT} ——常温下试压的最高压力，$p_{RT} = 220$ MPa；

代入式（3.9）得出：$\sigma_E' = 480.8$ MPa。实际安全系数 $\eta_s' = \dfrac{\sigma_{0.2}}{\sigma_E'} = 1.81$，对比标准安全系数 $\eta_s = 1.6$，说明常温下试压到 220 MPa 是安全的。

（2）相对于爆破失效的安全裕度

$$p_b' = \frac{2}{\sqrt{3}} \sigma_{0.2} \left(2 - \frac{\sigma_{0.2}}{\sigma_b} \right) \ln K \tag{3.10}$$

经计算，$p_b' = 1600.0$ MPa，实际安全系数 $\eta_b' = \dfrac{p_b'}{p_{RT}} = 7.27$，远大于标准安全系数 η_b'，说明很安全。

综上所述，釜体设计强度计算及其校核结果充分说明所设计的釜体完全满足在常温高压条件下进行耐压试验的技术要求。

5. $\Phi 60$ mm × 1100 mm 型高压釜下法兰盘设计制造强度的计算与校核

我们选用了高温合金 GH2036 来制造下法兰盘，它的机械性能列在表 3.1 中。

1）下法兰盘设计强度的计算

（1）下法兰盘厚度 H 的计算

$$H = \sqrt{\frac{3Q(D_z - D_i)}{\pi(D_o - D_i - 2D_s)[\sigma]_{0.2}^t}} \tag{3.11}$$

式中，D_o ——下法兰盘外径，设计时取 $D_o = 380$ mm；

D_i ——下法兰盘与釜体连接的螺纹外径，设计时取 $D_i = 220$ mm；

D_z ——下法兰盘上的螺栓孔中心圆直径，设计时取 $D_z = 300$ mm；

D_s ——下法兰盘上的螺栓孔直径，设计时取 $D_s = 48$ mm；

$[\sigma]_{0.2}^t$ ——GH2036 的高温许用应力，$[\sigma]_{0.2}^t = \dfrac{\sigma_{0.2}^t}{\eta_{0.2}^t}$；此处 $\eta_{0.2}^t$ 为标准安全系数，

取 $\eta_{0.2}^t = 3$，故 $[\sigma]_{0.2}^t = 182.9$ MPa；

Q ——下法兰盘轴向总负荷，$Q = \dfrac{\pi}{4} D_g^2 p$；其中 D_g 为密封环直径，设计

$D_g = 79.2$ mm，$p = 180$ MPa，故 $Q = 8.86 \times 10^5$ N。

代入计算得出：$H = 76$ mm，而实际设计时取 $H = 100$ mm，故法兰盘厚度可满足安全使用的技术要求。

（2）下法兰盘弯曲应力 σ_m 的计算

$$\sigma_m = \frac{kQ}{HD_i} \tag{3.12}$$

式中，k——螺纹系数，取 $k = 0.88$；

Q——下法兰盘轴向总负荷，$Q = 8.86 \times 10^5$ N。

代入计算得出：$\sigma_m = 35.4$ MPa，而 $[\sigma]_{0.2}^t = 182.9$ MPa，可见 $\sigma_m < [\sigma]_{0.2}^t$，所设计的下法兰盘在高温高压条件下可以非常安全地工作。

（3）下法兰盘螺纹挤压应力 σ_{eq} 的计算

$$\sigma_{eq} = \frac{4Q}{\pi\left(D_i^2 - D_n^2\right)Z} \tag{3.13}$$

式中，D_i——下法兰盘与釜体连接的螺纹外径，$D_i = 220$ mm；

D_n——下法兰盘与釜体连接的螺纹内径，$D_n = 206$ mm；

Z——螺纹圈数，设计时取 $Z = 12$ 圈。

代入计算得出：$\sigma_{eq} = 15.8$ MPa，而 $[\sigma]_{0.2}^t = 182.9$ MPa，可见 $\sigma_{eq} < [\sigma]_{0.2}^t$，说明设计的法兰盘螺纹在高温高压条件下的工作是很安全的。

2）下法兰盘设计强度的校核

作用于下法兰盘纵向截面的弯曲应力 σ_m

$$\sigma_m = \frac{3Q(D_z - D_i)}{\pi\left(D_o - D_i\right)H^2} \tag{3.14}$$

式中，Q——下法兰盘轴向总负荷，$Q = 8.86 \times 10^5$N；

D_o——下法兰盘外径，$D_o = 380$ mm；

D_i——下法兰盘与釜体连接的螺纹外径，$D_i = 220$ mm；

D_z——下法兰盘上的螺栓孔中心圆直径，$D_z = 300$ mm；

H——下法兰盘的厚度，$H = 100$ mm。

代入式（3.14）计算得出：$\sigma_m = 42.3$ MPa。

GH2036 在高温下的持久许用应力为：$[\sigma]_d^t = \dfrac{\sigma_d^t}{\eta_d^t}$，其中 η_d^t 为标准安全系数，$\eta_d^t = 1.25$，由此计算得出 $[\sigma]_d^t = 200$ MPa。可见 $\sigma_m < 0.7[\sigma]_d^t$，表明所设计的下法兰盘强度完全满足安全使用的要求。

6. Φ60 mm×1100 mm 型高压釜上法兰盘设计强度的校核

制造上法兰盘的高温合金同样为 GH2036，以下不阐述设计强度的计算结果，仅对其设计强度进行校核。

作用于上法兰盘纵向截面的弯曲应力 σ_m，其结果如下：

$$\sigma_m = \frac{3Q(D_z - D_i)}{\pi(D_o - D_i)H^2} \tag{3.15}$$

式中，Q——上法兰盘轴向总负荷，$Q = 8.86 \times 10^5\,\mathrm{N}$；

D_o——上法兰盘外径，$D_o = 380\,\mathrm{mm}$；

D_i——上法兰盘内径，$D_i = 68\,\mathrm{mm}$；

D_z——上法兰盘上的螺栓孔中心圆直径，$D_z = 300\,\mathrm{mm}$；

H——上法兰盘的厚度，$H = 100\,\mathrm{mm}$。

代入式（3.15）计算得出：$\sigma_m = 62.9\,\mathrm{MPa}$，可见 $\sigma_m < 0.7[\sigma]_d^t$，表明所设计的上法兰盘强度完全满足安全使用的要求。

7. Φ60 mm×1100 mm 型高压釜螺栓设计强度的计算与校核

制造螺栓的高温合金为 GH2135，其机械性能列于表 3.1。

1）螺栓设计强度的计算

（1）高温许用应力 $[\sigma]_{0.2}^t$

$$[\sigma]_{0.2}^t = \frac{\sigma_{0.2}^t}{\eta_{0.2}^t} \tag{3.16}$$

式中，$\eta_{0.2}^t$——标准安全系数，取 $\eta_{0.2}^t = 4$。

故 $[\sigma]_{0.2}^t = \dfrac{7800 \times 0.098}{4.0} = 191.1\,(\mathrm{MPa})$。

（2）螺栓有效截面积 F_0

$$F_0 = \frac{KQ}{N[\sigma]_{0.2}^t} \tag{3.17}$$

式中，Q——所有螺栓承受的总负荷，$Q = 8.86 \times 10^5\,\mathrm{N}$；

K——系数，$K = 1.1$；

N——螺栓个数，$N = 8$；即设计使用 8 个螺栓。

代入式（3.17）计算得出：$F_0 = 637.5\,\mathrm{mm}^2$。

（3）螺栓直径 d

$$d = \sqrt{\frac{4F_0}{\pi}} \tag{3.18}$$

计算得出 $d = \sqrt{\dfrac{4 \times 637.5}{3.14}} = 28.5 \text{(mm)}$，而实际设计时取 $d = 45 \text{ mm}$，可见强度绰绰有余。

2）螺栓设计强度校核

设计螺栓规格为 M45×3，共计 8 个，螺栓应力 σ_L 校核结果如下。

$$\sigma_L = \frac{4Q}{\pi d_B^2 N} \qquad (3.19)$$

式中，Q——所有螺栓承受的总负荷，$Q = 8.86 \times 10^5 \text{ N}$；

$\quad\quad d_B$——螺纹根径，$d_B = 41.75 \text{ mm}$；

$\quad\quad N$——螺栓个数，$N = 8$。

代入式（3.19）计算得出：$\sigma_L = 80.9 \text{ MPa}$；而 $[\sigma]_{0.2}^t = 191.1 \text{ MPa}$，可见 $\sigma_L < [\sigma]_{0.2}^t$，完全满足安全使用要求。

综合上述的设计强度计算及其校核结果就可以得出：$\Phi 60 \text{ mm} \times 1100 \text{ mm}$ 型高压釜的设计参数是正确的，根据设计参数而选定的高温合金是合理的，其高温机械性能可完全满足使用要求。

8. $\Phi 60 \text{ mm} \times 1100 \text{ mm}$ 型高压釜的制造工艺

该型高压釜能否在 $T \leqslant 600\,℃$、$p \leqslant 180 \text{ MPa}$ 条件下安全可靠、长周期地连续运行，不仅取决于设计是否科学，选材是否合理，而且还取决于制造工艺是否正确。因此，在高压釜的制造过程中要特别重视它的制造工艺，尤其下列四个方面的制造工艺更要引起足够的重视。

1）严格高温锻造工艺

凡用于制造高压釜承压零部件的高温合金必须按锻造工艺进行锻造，例如，用于制造高压釜釜体的高温合金（如 GH2901、GH4169 等），必须在温度高达 1300～1500℃ 的条件下进行锻造，其锻造比 K_d（$K_d = d_1^2 / d_2^2$，d_1 为锻造前的直径，d_2 为锻造后的直径）必须大于 2.0。

2）严格进行热处理

凡是在表 3.1 中列出的高温合金，首先都必须按照相关热处理制度进行严格的热处理，然后还要对相关的机械强度（特别是高温机械强度）进行复测，符合技术要求者方可应用；否则，需要重新选择高温合金，并重新进行热处理和检测，直到符合技术要求为止。此外，对釜体和法兰盘等大型工件，在热处理前需要进行初步的机械加工。例如，制造釜体的棒材经初步机械加工后的外尺寸为 $\Phi 225 \text{ mm} \times 1210 \text{ mm}$（成品的外尺寸为 $\Phi 220 \text{ mm} \times 1204 \text{ mm}$），反应腔经初步机械加工后的尺寸为 $\Phi 55 \text{ mm} \times 1094 \text{ mm}$（而成品的尺寸则为 $\Phi 60 \text{ mm} \times$

1100 mm），然后再对它们进行热处理。这样做的好处是：能使工件的热处理更加透彻、更加均匀，高温合金的组织结构及其强度更加均匀，从而使高压釜的综合性能更好。

3）严格进行无损探伤

凡在表 3.1 中列出的高温合金在热处理前后以及在机械加工成零件后都要严格地进行无损探伤，合格者方可应用。需要强调的是：对于热处理前需要探伤的工件，必须对其外表进行机械加工，以使工件的外表面平滑光洁，从而提高探伤的准确度和精确度。

4）反应腔的机械加工

釜体是 Φ60 mm×1100 mm 型高压釜中最关键的零件，而其反应腔的机械加工属于盲底深孔一类的机械加工，因而又是最困难的。其主要困难是：盲底深孔的机械加工，冷却液不能注入钻头所在处而使其冷却，故钻进速度慢，钻进效率低，有时甚至会将钻头烧坏或者将钻头卡住。为解决此机械加工中的难点，我们采用了特殊的冷却加工工艺，其钻具结构如图 3.6 所示。在钻进过程中，将冷却液通过紫铜管不断地注入钻头的出屑槽中将其直接冷却，从而既保证钻头不会因发热而降低它的强度，更不会因发热而被烧坏或被卡住，因而能够使钻头顺利地钻进，同时又大大地提高了钻进速度，最终解决了由高温合金所制造的釜体的盲底深孔的机械加工难点。

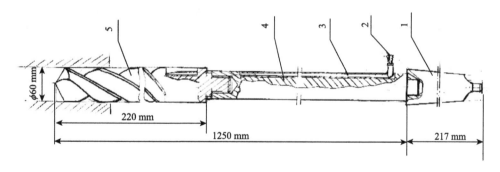

图 3.6　钻具结构示意图

1. 锥柄（6 英寸）；2. 接头；3. 紫铜管（Φ6 mm×10 mm）；4. 钻杆；5. 钻头（Φ60 mm）

5）严格进行耐压试验

Φ60 mm×1100 mm 型高压釜在正式投入使用前，需要在常温高压和高温高压（其温度分别为常温和 490～600℃，压力分别为 100～220 MPa 和 100～180 MPa）条件下进行耐压试验，其保压时间分别为 0.5～1 h 和 35～45 h。耐压试验后，需要仔细地检测各零部件的塑性变形量、相互配合情况和密封性能等，合格者方可投入使用。

3.1.3　温差井式电阻炉的设计制造

1. 温差井式电阻炉设计制造的技术方案和要求

　　与 $\Phi60\ mm\times1100\ mm$ 型高压釜相配套的温差井式电阻炉为 $\Phi1200\ mm\times$ 2500 mm 型（图 3.7），并按照"三段加热、两点控温"的技术方案进行设计制造的。所谓"三段加热"，指的是将整个发热组件（加热电阻丝）分成既相对独立、又相互联系的三段（上、中、下三段，详见表 3.2）；所谓"两点控温"，指的是使用两根双支铠装热电偶（分别与两台 UP350 程序调节器相连）分别调节控制上段和下段加热电阻丝的电功率，亦即分别调节控制上段炉膛和下段炉膛内的温度。双支铠装热电偶指的是在一根保护套管内装有两支型号相同、热端相接、冷端分开的特殊定制热电偶。至于中段电阻丝的加热电功率，则是由一台大功率的调压变压器（它又与控制下段加热电功率的 UP350 程序调节器相连）来调节控制。

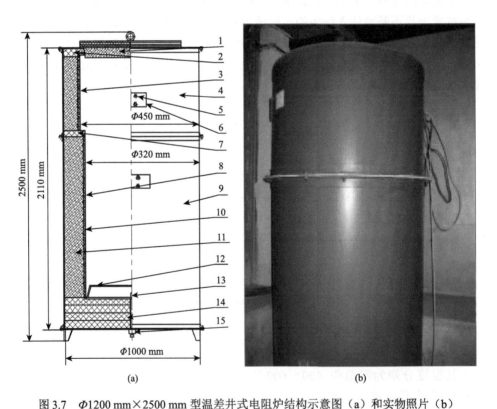

(a)　　　　　　　　　　　　　　　(b)

图 3.7　$\Phi1200\ mm\times2500\ mm$ 型温差井式电阻炉结构示意图（a）和实物照片（b）

1. 炉盖；2. 炉口砖；3. 上段炉膛；4. 上炉壳；5. 瓷塔座；6. 护罩；7. 接口砖；8. 发热组件；9. 下炉壳；10. 下段炉膛；11. 保温层；12. 高压釜底座架；13. 下段热电偶；14. 耐火砖；15. 热电偶定位装置

此外，还综合考虑了下列 5 点技术要求：①炉膛内的平均工作温度要求达到 600℃。②炉膛内存在正温差，即要求它的下部为高温区，上部为低温区，分别对应于高压釜反应腔内的原料溶解区和晶体生长区。同时，要求在原料溶解区与晶体生长区之间的温差能够在 0~80℃可调。③合成宝石晶体的晶体生长区应当尽可能长（其长度应大于 500 mm），而其温度梯度则应当尽可能小（其平均温度梯度应当小于 0.3℃/cm）。④电阻炉加热升温速度要适宜，即炉膛温度从常温 20℃升到 600℃时间为 6~14 h。⑤电阻炉的保温效果要尽可能好，以避免因环境温度波动而引起炉膛内的温度波动。

2. 温差井式电阻炉的结构与技术参数

Φ1200 mm×2500 mm 型温差井式电阻炉见图 3.7，图中左边为结构示意图，右边为实物照片。炉膛是带有均匀分布小孔（孔径为 Φ6 mm）和外螺纹槽（槽为半径 8 mm 的半圆槽，槽距 23 mm）的刚玉管，它分上下两段：上段炉膛内尺寸为 Φ450 mm×466 mm，下段炉膛内尺寸为 Φ300 mm×1225 mm，它们又由异径连接件相连接而形成上大下小的统一炉膛，总高度为 1725 mm。发热组件是镍铬电阻丝，其牌号为 Ni80Cr20，它被预先绕制成弹簧状，以便通过调节弹簧螺距的大小来局部地调节电阻丝加热电功率的分配。保温材料是硅酸铝纤维棉以及硅酸铝纤维毡和毯。温差井式电阻炉的总加热电功率为 19.5 kW，它是按上述技术要求，并根据高压釜、炉膛和保温材料等从常温 20℃升至高温 600℃所需要的热容量、加热升温的速度、所需要的时间以及在加热升温过程中的热散失量等来进行计算并经校核而得出的，而其各段加热电功率则主要是按照各段炉膛所对应的高压釜和炉膛刚玉管等的质量来进行计算分配的，有关的设计原理及计算公式参见本章所附的参考文献（如：臧尔寿，1983；郭茂先，2002；王秉铨，2010；徐兆康，2004）。

3. 加热电功率的初步设定

初步设定的加热电功率（P）可按式（3.20）的经验公式（臧尔寿，1983）进行计算。

$$P = K \times \sqrt[3]{V^2} \tag{3.20}$$

式中，P——电炉的加热电功率，kW；

K——温度系数，600℃时取 $K = 70$；

V——炉膛体积，m^3。

本电阻炉的炉膛体积 $V = 3.14 \times \left[\left(\dfrac{0.45}{2} \right)^2 \times 0.466 + \left(\dfrac{0.3}{2} \right)^2 \times 1.225 \right] = 0.16 (m^3)$，

代入式（3.20）计算得出 $P = 20.6\ \text{kW}$。

4. 加热电功率的校核

温差井式电阻炉总的加热电功率，主要通过对电阻炉的积蓄热和散失热进行计算校核。

1）积蓄热 $Q_积$ 的计算

积蓄热主要是通过对高压釜及其附件、炉膛及其附件等的耐火件、硅酸铝纤维棉等保温材料的积蓄热来计算，其计算公式为

$$Q_积 = c \cdot m \cdot T \tag{3.21}$$

式中，$Q_积$——物质所吸收的热量，J；

　　　　c——物质的比热容，J/(kg·℃)；

　　　　m——物质的质量，kg；

　　　　T——温度，℃。

（1）高压釜的积蓄热 Q_1

$\Phi 60\ \text{mm} \times 1100\ \text{mm}$ 型高压釜的质量为 557 kg，附件的质量为 15 kg，总质量为 572 kg；比热容为 564.8 J/(kg·℃)，平均温度为 600℃，代入式（3.21）得出：$Q_1 = 1.94 \times 10^8\ \text{J}$。

（2）炉膛及其附件等的积蓄热 Q_2

它们的质量为 250 kg，比热容为 1.13×10^3 J/(kg·℃)，平均温度为 600℃，代入式（3.21）计算得出：$Q_2 = 1.69 \times 10^8\ \text{J}$。

（3）硅酸铝纤维棉等保温材料的积蓄热 Q_3

硅酸铝纤维棉保温材料的质量为 700 kg，比热容为 330.5 J/(kg·℃)，从里到外的平均温度 $\bar{T} = \dfrac{600 - 20}{2} = 290(℃)$，代入式（3.21）计算得出：$Q_3 = 0.67 \times 10^8\ \text{J}$。

（4）总的积蓄热 $Q_积$

$Q_积 = Q_1 + Q_2 + Q_3 = 4.30 \times 10^8\ \text{J}$。

2）散失热 $Q_散$ 的计算

设定温差井式电阻炉于 10 h 内，炉膛内的平均温度与高压釜的平均温度从常温 20℃达到 600℃时，对其表面总散失热进行计算，计算步骤如下。

第一步，按式（3.22）计算温差井式电阻炉在单位时间（1 h）内和在单位面积（1m²）上由内向外的散失热 $\left(\dfrac{Q_散}{St} \right)$：

$$\frac{Q_散}{St} = \frac{T_1 - T_0}{\sum \dfrac{D_i}{\lambda_i} + \dfrac{1}{\alpha_z}} \tag{3.22}$$

式中， S ——单位面积， m^2；

t ——单位时间，h；

T_1 ——炉膛内电炉丝的表面发热温度， $T_1 = 700\ ℃$；

T_0 ——环境温度， $T_0 = 20\ ℃$；

D_i ——第 i 种筑炉保温材料的厚度，主要有刚玉管和硅酸铝纤维棉，电阻
炉上加热段厚度分别为 0.02 m 和 0.25 m；中下加热段厚度分别为
0.02 m 和 0.34 m；

λ_i ——第 i 种筑炉保温材料的导热系数，刚玉管为 $7.53 \times 10^3\ J/(m·h·℃)$，
硅酸铝纤维棉为 $0.52 \times 10^3\ J/(m·h·℃)$；

α_z ——炉壳表面的给热系数 [若表面涂有银粉漆，经计算约为
$48.15 \times 10^3\ J/(m^2·h·℃)$]。

根据式（3.22）可分别计算出温差井式电阻炉上加热段及中下加热段在单位
时间内和在单位面积上的散失热 $\dfrac{Q_{散}^{上}}{St}$ 和 $\dfrac{Q_{散}^{中下}}{St}$ 分别为 $1.35 \times 10^6\ J/(m^2·h)$ 和
$1.00 \times 10^6\ J/(m^2·h)$。

第二步，计算电阻炉在 10 h 内从常温 20℃升至设定 600℃时的平均总散失
热 $\overline{Q_{散}}$。

已知：电阻炉直径为 1.0 m，上加热段高度为 0.5 m，中下加热段高度为 1.62 m，

因此，电阻炉上加热段的表面积 $S_{上} = \pi \times \left(\dfrac{1.0}{2} \right)^2 + \pi \times 1.0 \times 0.5 = 2.36(m^2)$ ，而中下

加热段的表面积 $S_{中下} = \pi \times \left(\dfrac{1.0}{2} \right)^2 + \pi \times 1.0 \times 1.62 = 5.87(m^2)$ 。

于是， $\overline{Q_{散}} = \dfrac{1}{2} Q_{散} = \dfrac{1}{2} \times \left[\left(\dfrac{Q_{散}^{上}}{St} \right) \times S_{上} \times t + \left(\dfrac{Q_{散}^{中下}}{St} \right) \times S_{中下} \times t \right]$

$= 4.53 \times 10^7\ J$ 。

3）总热量 $Q_{总}$ 的计算

电阻炉在 10 h 内，温度由常温 20℃升至设定 600℃时所需要的总热量 $Q_{总}$：

$Q_{总} = Q_{积} + \overline{Q_{散}} = 4.30 \times 10^8 + 4.53 \times 10^7 = 4.75 \times 10^8 (J)$ 。

折算成电功 E： $E = \dfrac{Q_{总}}{3.6 \times 10^6} = 131.9\ kW·h$

考虑到提高升温速度和缩短加热时间、原材料热性能误差、电网波动、环境
温度变化以及电阻炉制作工艺偏差和炉盖保温性能等因素，故取修正系数
$\eta = 1.48$ ，于是所需要的总电功率为

$$P = \frac{E}{t} \times \eta = \frac{131.9}{10} \times 1.48 = 19.5 \text{(kW)}$$

综上所述，设定的加热总电功率比校核的加热电功率大了 1.1 kW。实际上，按校核的加热电功率来制造温差井式电阻炉已能完全满足应用的技术要求。

5. 加热电功率的分配

温差井式电阻炉的加热电功率主要是按照各段炉膛所对应的高压釜和炉膛刚玉管的质量来进行分配的，各段加热电功率的具体分配如表 3.2 所列。

表 3.2 Φ1200 mm × 2500 mm 型温差井式电阻炉加热电功率（总功率为 19.5 kW）分配表

加热段名称		加热段		加热电功率/W	表面负载/(W/cm²)	备注
		圈数/圈	长度/mm			
上段	上分段	5	115 + 26*	3000	0.90	在上分段与中分段之间有 2 圈螺纹槽未绕电阻丝
	中分段	6	138	3000		
	下分段	5	115 + 26*	3000		
中段	上分段	5	115 + 26*	1110	1.13	在中段与下段之间有 5 圈螺纹槽未绕电阻丝
	中分段	12	276	2280		
	下分段	6	138	1110		
下段	上分段	6	138	1644	1.02	
	中分段	12	276	2712		
	下分段	6	138 + 26*	1644		

注：①上段炉膛内尺寸为 Φ450 mm × 466 mm，中下段炉膛内尺寸为 Φ300 mm × 1225 mm；②26* 为无螺纹槽的刚玉管长度。

3.1.4 专用设备的性能和效果

Φ60 mm × 1100 mm 型高压釜及其配套的温差井式电阻炉的性能及其应用效果如下。

1. Φ60 mm × 1100 mm 型高压釜性能

分别在常温和压力 $p = 100 \sim 220$ MPa、高温 $T = 490 \sim 600$℃ 和压力 $p = 100 \sim 180$ MPa 等的条件下，对高压釜进行了耐压试验。在常温下的保压时间为 0.5 ~ 1.0 h，而在高温下的保压时间则为 35 ~ 45 h。上述耐压试验的结果表明，高压釜各零部件相互配合得很好，主要承压零件的残余变形量不大于 0.05 mm，密封性能好，工作安全可靠，达到了设计的技术指标，即安全可靠、长周期连续工作的最高温度 $T = 580℃$，在此温度下的最高工作压力 $p = 180$ MPa。

2. 温差井式电阻炉的性能

在高压釜反应腔内所实测的温度-高度曲线如图 3.8 所示。从图 3.8 中可以看到：可将反应腔内的温度-高度曲线划分为溶解、过渡和结晶等三个区段，它们各自的温场特性如下：

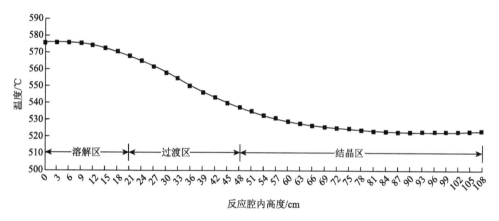

图 3.8 Φ60 mm×1100 mm 型高压釜反应腔内的温度-高度曲线图

1）溶解区段

它在反应腔内的高度范围自下而上为 0～21 cm，长度为 21 cm，其温度 575.5～567.6℃，平均温度为 571.6℃，平均温度梯度为 0.38℃/cm。

2）过渡区段

它的高度在 21～48 cm，长度为 27 cm，其温度 567.6～536.8℃，平均温度为 552.2℃，平均温度梯度为 1.14℃/cm。

3）结晶区段

它的高度在 48～108 cm，长度为 60 cm；其温度 536.8～523.4℃，平均温度为 530.1℃，平均温度梯度为 0.22℃/cm。

上述温场特性表明，我们所设计制造的 Φ1200 mm×2500 mm 型温差井式电阻炉的性能是好的，可完全满足合成宝石晶体水热法生长的需求。

综上所述，Φ60 mm×1100 mm 型高压釜及其配套的温差井式电阻炉不仅各自的性能良好，而且它们的综合运行效果也不错，其具体表现如下：①高压釜在 $T \leqslant 580℃$、$p \leqslant 180$ MPa 条件下的密封性能良好，主要零件残余变形小，能够安全可靠、长周期、连续地工作；②高压釜反应腔内的晶体生长区较长（约为 60 cm），平均温度梯度（为 0.22℃/cm）小；③在原料溶解区与晶体生长区之间存在正温差（温差的平均值为 47.3℃），并可根据晶体生长的需要而随时调整温差，增大或减小温差；④在恒温过程中，反应腔内的温度波动小，其最大的波动范围为 ±0.2℃/24 h。

3. 专用设备的应用效果

合成彩色刚玉宝石晶体的水热法生长结果表明，我们设计制造的 $\Phi60$ mm× 1100 mm 型高压釜及其配套的温差井式电阻炉的应用效果很好（表 3.3）。与 $\Phi42$ mm×750 mm 型高压釜相比，红宝石晶体的生长速度平均增长了 45.1%，台日产量平均提高了 81.5%，同时晶体质量及其尺寸也都有很大的提高。

表 3.3 红宝石晶体水热法生长结果对比

对比项目	高压釜型号		
	$\Phi38$ mm×700 mm 型	$\Phi42$ mm×750 mm 型	$\Phi60$ mm×1100 mm 型
反应腔体积/mL	777.6	1043.2	3082.0
晶体生长区长度/mm	300	390	600
晶体最大尺寸/mm	30×20×15	40×25×20	50×40×35
平均生长速度/(ct/d)	5.62 （生长 6 块）	8.44 （生长 8 块）	12.25 （生长 10 块）
平均台日产量/[ct/(d·台)]	33.72	67.5	122.5

3.2 测温控温技术的改进完善

3.2.1 概述

高压釜反应腔内的温场及其特性对合成宝石晶体的水热法生长非常重要（参见 3.4.2 节中的相关内容）。所谓温场特性，指的是包括原料溶解区和晶体生长区温度范围的宽窄、温度梯度的高低、两区温差的大小和温度波动的幅度等在内的综合性能。高压釜反应腔内的温场及其特性受控于温差井式电阻炉炉膛内的温场及其特性，而"悬浮式"黄金衬套管里的温场及其特性又受制于高压釜反应腔内的温场及其特性，因此温差井式电阻炉的设计制造技术及其炉膛温度的调节控制技术是关键。温差井式电阻炉的设计制造技术已如前述，本节将重点阐述为改进、完善和提高炉膛温度的调节控制技术而所采取的六项技术措施，这六项技术措施能较大地提高控温测温的准确度、精确度和可靠性，也能较大地改善炉膛内的温场及其特性，因而更有利于合成宝石晶体的水热法生长。我们所采用的自动控温系统方框图如图 3.9 所示，自动控温系统实物见图 3.10。

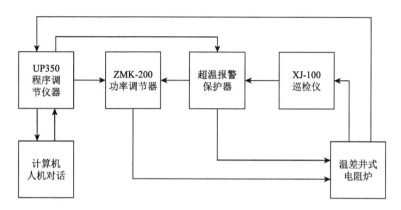

图 3.9 温差井式电阻炉自动控温系统方框图

图 3.10 自动控温系统实物图

3.2.2 改进完善的技术措施

本节将对包括改进电阻炉、增设隔热阻挡层、增设热电偶定位装置、采用双支铠装热电偶和 UP350 程序调器以及内测温等在内的多项技术措施分别阐述如下。

1. 改进温差井式电阻炉

1）将炉膛改为带有小孔以及螺纹槽的刚玉管

对于前述的 $\Phi 1200\ mm \times 2500\ mm$ 型温差井式电阻炉而言，炉膛刚玉管上的小孔孔径为 $\Phi 6\ mm$，孔距为 23 mm，它们在刚玉管上是均匀分布的；外螺纹槽为半径 8 mm 的半圆槽，在刚玉管上也是等距离、均匀分布的，且槽距为 23 mm。在刚玉管上，这些均匀分布的小孔可使发热组件——电阻丝所产生的热量与炉膛内的热量交换更及时、迅速、充分，因而缩短了发热组件对炉膛内温度变化的响应时间，提高了控温系统对炉膛温度调节控制的实时性和准确性，从而可使炉膛内的温场及其特性在恒温阶段更加稳定，炉膛内温度波动的幅度大为减小。刚玉管上均匀分布的外螺纹槽则不仅可使弹簧状电阻丝牢牢地固定在螺纹槽内，使得温差井式电阻炉在长周期的运行中更加安全可靠，而且因槽内炉膛管壁变薄而使传热性能更好。

2）将发热组件改为预先绕制成弹簧状的镍铬电阻丝

镍铬电阻丝的牌号为 Ni80Cr20。这样制作的好处是，当在刚玉管上缠绕弹簧状的电阻丝时，可通过改变弹簧螺距的大小来局部地调整炉膛的加热电功率，从而使其在炉膛上的分配更合理，更有利于炉膛内的温场及其特性的改善。

3）按照上、中、下设置三个加热段

整个炉膛的加热电功率是按照上、中、下三个加热段及其加热分段进行分配的，并尽可能地使加热电功率的分配合理（表 3.2），因而能使炉膛内的温度分布及其特点更具有适于合成宝石晶体水热法生长所需要的温场及其特性。同时，还特意增大了加热电功率，这不仅有助于加快温差井式电阻炉的初始升温速度，缩短其整个加热升温时间（这可使籽晶片遭受溶液侵蚀的风险大为降低），而且也易于通过调整各段加热电功率来调整炉膛内的温差，便于试验筛选和确立各加热段及各加热分段电功率的最佳匹配关系。

4）将电炉改为分体制造

将温差井式电阻炉的制作工艺由整体制造改为分体制造（分为上、下两段制造），这不仅便于加工制作（也解决了因电阻炉的炉膛太深而不好制作的困难），而且可使保温层（由硅酸铝纤维棉构成）的压实度更加均匀，因而电阻炉的保温效果更好，炉壳外壁的散热量也更少、更均匀。

由此可见，上述四个方面的技术措施可使温差井式电阻炉炉膛内的温场及其特性得到比较好的改进，更加有利于合成宝石晶体的水热法生长。

2. 增设隔热阻挡层

为了有效地改善炉膛内的温场及其特性，特意在炉膛刚玉管的内壁与高压釜釜体的外壁之间增设了一隔热阻挡层。该隔热阻挡层是由耐热不锈钢（1Cr18Ni9Ti）制作的上、下两个隔热圈和用硅酸铝纤维毯制作的一个中间隔热层组成的，其结构示意见图 3.11。隔热圈的内径要与釜体的外径紧配合，而其外径则要与炉膛的内径松配合。隔热阻挡层的高度（其中线位置的高程）应与"悬浮式"黄金衬套管里内的挡板的高度相一致，并用螺钉将隔热阻挡层固定在高压釜釜体上。隔热阻挡层的结构虽然很简单、制作很容易、操作也很方便，但它所起的作用却很大，其主要的作用是：①它将炉膛内下部的较高温度区与上部的较低温度区分隔开来了，从而有效地抑制了这两个被分隔开的炉膛之间的热对流和热扩散，确保了在炉膛内存在所需要的正温差；②炉膛内热对流和热扩散的有效抑制也使炉膛内的热扰动及其温度波动得到了有效的控制，因而炉膛内的温场及温场特性更加稳定，更有利于合成宝石晶体的水热法生长。带隔热阻挡层的高压釜已获批了国家专利，其专利号为 ZL200420033375.X。

3. 增设热电偶定位装置

根据上述设计制造温差井式电阻炉的"三段加热、两点控温"的技术方案，一方面使上段和下段电阻丝的加热电功率各由一台 UP350 程序调节器和一根双支铠装热电偶进行调节控制，中间加热段与一台大功率调压变压器相连，而变压器则又受控于下加热段的 UP350 程序调节器；另一方面将控制上段电阻丝加热电功率的热电偶（简称为上控热电偶）固定在高压釜下法兰盘上的小孔（孔径 $\Phi 6$ mm，孔深 5 mm）内，而下控热电偶则固定在自制的热电偶定位装置（图 3.12）上，而该装置又被固定在温差井式电阻炉的底盘上，如图 3.7 所示。于是，在整体上就构成了"三段加热、两点控温"的温差井式电阻炉。

实际测量结果显示，在炉膛内的径向上往往存在比较小的温度梯度，且温度从炉膛中心到炉膛内壁是逐步升高的。因此，下控热电偶的热端就借助于热电偶定位装置而被牢牢地固定在炉膛的中心轴线上。下控热电偶定位装置的主要作用是：①该装置使下控热电偶在反复操作过程中都能够实时地、定点地、紧密地与高压釜釜体的底部中心点相接触，因而能使炉膛内的温场及温场特性更稳定，重现性更好；②该装置能降低温差井式电阻炉底部的热量耗损，因而能使炉膛内的温度不会因环境温度变化而产生波动，亦即能使炉膛内的温场及温场特性更加稳定。显而易见，上述下控热电偶定位装置对合成宝石晶体长周期的水热法生长来说更显得特别重要。

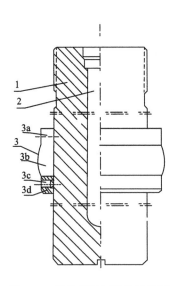

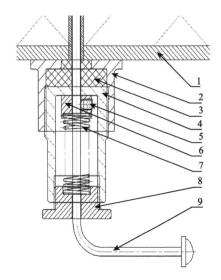

图 3.11　隔热阻挡层结构示意图

1. 高压釜釜体；2. 高压釜反应腔；3. 隔热阻挡层（由上、下隔热圈 3a、3d，隔热层 3b 及螺钉 3c 组成）

图 3.12　热电偶定位装置示意图

1. 温差井式电阻炉底盘；2. 热电偶座；3. 保温棉；4. 螺套；5. 紧定螺钉；6. 固定套；7. 弹簧；8. 螺塞；9. 热电偶

4. 采用双支铠装热电偶

双支铠装热电偶由我们委托厂家特殊定制。其中的一支热电偶与 UP350 程序调节器相连接，而另一支则与 XJ-1000 型巡检仪相连接，实现了一点双测、双控和双显，因而提高了高压釜及其配套的温差井式电阻炉等设备在工作中的安全可靠性，而这对设备在长周期的安全运行也是非常重要的。

5. 实现实时监测和记录

在合成宝石晶体的水热法生长中，我们采用了 UP350 程序调节器，从而实现了对炉膛温度的实时监测、实时记录和实时存储。从实际效果上来说，UP350 程序调节器的使用，也就使我们实现了对合成宝石晶体长周期的水热法生长过程的实时监测、实时记录和实时存储，因而为调整晶体生长参数、改进晶体生长工艺、提高晶体生长质量和生长速度提供了依据。

6. 采用内测温技术

自行研制了内测温装置。采用该装置则可在非常近似于合成宝石晶体水热法生长的条件下，在与 $\Phi 60\,\mathrm{mm} \times 1100\,\mathrm{mm}$ 型高压釜相配套的"悬浮式"黄金衬套管（$\Phi 53.4\,\mathrm{mm} \times 1085\,\mathrm{mm}$）内直接测量温度-高度曲线，其结果如图 3.13 所示。

由此获得的曲线更真实地、更准确地反映了合成宝石晶体生长时的温度、温场及温场特性。从图 3.13 与图 3.8 的对比中可以清楚地看到：①两条温度-高度曲线都可被划分为溶解、过渡和结晶等三个区段。其中，溶解区段的位置、长度和曲线形态等在两条曲线上是基本一致的；而两者的过渡区段和结晶区段的位置、长度和曲线形态等则存在比较明显的差别。在黄金衬套管内，结晶区段的曲线是缓倾斜的，其长度约为 640 mm，比反应腔内结晶区段（其曲线呈现比较陡的倾斜形态）的长度增加了 40 mm，这是由挡板造成的，其原因是：挡板将衬套管内的原料溶解区与晶体生长区分隔开了，并对两区之间的溶液对流产生了某种程度的抑制，因而使该处附近的温度-高度曲线变陡，从而缩短了过渡区段的长度，并增长了结晶区段的长度。②黄金衬套管内结晶区段的平均温度梯度并未因结晶区段长度的增大而增大，而是反而变小，仅为反应腔内结晶区段平均温度梯度（0.22℃/cm）的一半，即为 0.11℃/cm。显然，这是黄金衬套管的导热性好而使温度均匀化。由此可见，黄金衬套管内的温场及其特性更有利于晶体的水热法生长。

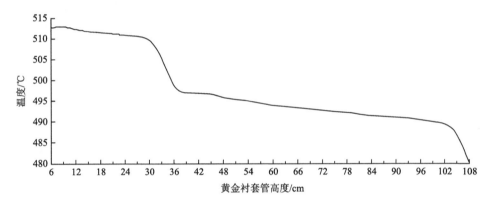

图 3.13　在 Φ53.4 mm×1090 mm 型"悬浮式"黄金衬套管内测定的温度-高度曲线

3.3　溶解度测试技术

合成宝石晶体在水热溶解-结晶体系（或 A-B-H$_2$O 水热体系）中的溶解度数据，是设计生长方案、选择生长参数、确定匹配条件等必不可少的基础数据，本节将阐述溶解度的测试技术。

3.3.1　测试前的准备

1. 高压釜

系自行设计制造的外螺帽式自紧密封高压釜（图 3.1），结构示意参见图 4.19。

釜体由高温合金 GH4698 制造，可承受的最高温度和最高压力分别为 650℃和 500 MPa。该高压釜反应腔的内尺寸为 Φ22 mm×250 mm，长径比约为 11.4，内体积约为 96.4 mL。

2. 等温井式电阻炉

与采用温差法生长晶体不同，溶解度的测试需在等温的环境下进行，本次实验的电阻炉炉膛尺寸为 Φ120 mm×600 mm，总加热电功率为 4.5～5.0 kW，炉膛内等温区的总长度不小于 250 mm。

3. 控温仪

日本横河 UP350 程序调节器。

4. 黄金衬套管

尺寸为 Φ17.5 mm×240 mm，长径比值约为 13.7，体积约为 57.0 mL。在作者测试研究红宝石晶体的溶解度中，黄金衬套管 57.0 mL 的内体积，对于被测试晶体在溶解前后失去的质量仅为 0.0166～0.0422 g 来说是足够大的，因而矿化剂水溶液浓度在溶解反应过程中的变化可忽略不计，这符合前述的在测试研究溶解度过程中矿化剂需等浓度的技术要求。

5. 电位差计

型号为 UJ33A，精度等级为 0.05 级，用于对热电偶的热电势进行精确测量以确定测试温度。

6. 测试溶解度的原料和溶液

焰熔法合成的红宝石晶体经破碎、筛分、清洗、干燥后取粒径 3～5 mm 的备用。矿化剂溶液根据前述矿化剂的选择原则，经实验筛选最终选择了下列三种混合矿化剂溶液：1.8 mol/L KHCO$_3$ + 0.2 mol/L NaHCO$_3$、1.6 mol/L KHCO$_3$ + 0.4 mol/L NaHCO$_3$ 和 1.4 mol/L KHCO$_3$ + 0.6 mol/L NaHCO$_3$。

3.3.2　测试溶解度的技术细节

1. 采用失重法测试溶解度

刚玉晶体的溶解度可通过式（3.23）进行计算：

$$S = \frac{m_{前} - m_{后}}{V_{溶液}} \tag{3.23}$$

式中，S——合成宝石晶体的溶解度，g/L；

　　　$m_{前}$——晶体溶解前的质量，g；

　　　$m_{后}$——晶体溶解后的质量，g；

　　$V_{溶液}$——初始加入的矿化剂溶液的体积，mL。

　　测试过程中需注意以下几点：①在整个溶解反应过程中，被测晶体必须是自始至终稳定存在的、唯一的固相，且其溶解作用与结晶作用必须达到动态平衡；②被测晶体在反应前、后都必须恒重，以确保测试数据准确；③当溶解反应停止结束时，必须立即通过淬冷将晶体与其平衡共存的溶液迅速分离开来，以防止已溶解的物质在缓慢的冷却过程中又在晶体上重新结晶析出，从而影响测试结果的准确性。

2. 构建封闭的水热溶解-结晶体系

　　水热法生长刚玉晶体的水热体系属于 A-B-H_2O 水热体系，表示为：Al_2O_3-$KHCO_3$ + $NaHCO_3$-H_2O。在实际操作中，则是将被测的晶体和矿化剂水溶液等全部装入黄金衬套管里，并将其管口焊接密封好，从而构成了一个封闭的水热溶解-结晶体系，这既保障了该体系化学组成的稳定性，也防止了外部杂质的影响。

3. 确定黄金吊篮的悬挂高度

　　在溶解度测试研究中，需将晶体原料预先装入带有均匀分布小孔的黄金吊篮内，然后再将其悬挂在黄金衬套管里上部，并且高于所注入的矿化剂溶液的液面，以确保淬冷时被测晶体能迅速与矿化剂溶液分离。悬挂高度可参考附录中 Kennedy（1950）的 p-V-T 表来估计。

4. 进行动力学实验以确定测试周期

　　在正式测试晶体溶解度之前，必须对其溶解反应的动力学进行实验研究，即设定的条件不变的情况下，实验研究溶解度与其溶解持续时间的关系。当达到某一溶解持续时间之后，溶解度在实验误差范围以内不再随着溶解持续时间的延长而变化，这便是"饱和溶解"，也就是被测晶体的溶解反应与结晶反应达到了动态平衡。该时间可作为以后测试溶解度的实验周期。但需指出的是：在不同的温度条件下，到达"饱和溶解"所需要的时间是各不相同的。一般说来，溶解反应的温度越低，到达"饱和溶解"所需要的时间就越长；反之，溶解反应的温度越高，到达"饱和溶解"所需要的时间就越短。因此，应在一定的温度间隔（例如，以

50℃为一个间隔等）内进行动力学实验，以便比较准确地确定晶体溶解度的测试周期。

实践经验表明，当溶解温度 ($T_{溶解}$) ≥400℃时，达到"饱和溶解"的时间一般为 3～5 d；300℃≤$T_{溶解}$≤400℃时，其"饱和溶解"的时间一般为 5～7 d。

5. 调节控制体系的氧化-还原能力

对于含有变价元素的待测晶体，在测试其溶解度时必须对其水热体系的氧化-还原能力进行调节控制。否则变价元素可能会被氧化或被还原，并形成新的固体晶相。例如，在高温高压条件下的碱性矿化剂溶液中，磁铁矿较易被氧化并形成赤铁矿，其反应式如下：

$$4Fe_3O_4（磁铁矿）+ O_2 == 6Fe_2O_3（赤铁矿） \qquad (3.24)$$

在上述情况下，磁铁矿的溶解不是同成分溶解，所测得的数据就不可能是磁铁矿的溶解度数据。

6. 鉴定残留固相物质

对溶解反应后的固相物质进行分析鉴定的目的是，确定被测晶体水热溶解过程中是否是唯一的、稳定的固体相，确定有无新的固体相的生成。若发现有新的固体相存在，需要重新选择矿化剂，重新确定温度、压力等条件。

3.4　挡板及其开孔率

挡板（也叫缓冲器）位于原料溶解区和晶体生长区之间，它将高压釜的反应腔分隔成上下两个部分。图 3.14 显示出有挡板（b）和无挡板（a）时高压釜内温度场的差异。显然无挡板时无法在高压釜的上下部形成有效的温差，同样的结果见图 3.8 和图 3.13。挡板有单孔或多孔、圆盘状或伞状等。

根据实践经验，当反应腔内径相同而长径比不同时，长径比大的，挡板开孔率就应当大一些；反之，开孔率就应当小一些。若反应腔长径比相同而内径不同时，内径较大的，开孔率就应当小一些；反之，开孔率就应当大一些。此外，开孔率在挡板的每个区域都应尽可能地做均匀。例如，对于 Φ60 mm×1100 mm 型高压釜来说，挡板与衬套管一样是由黄金制作的，呈圆盘状，其上的开孔情况如图 3.15 所示。这样由内而外所划分的区 1、区 2、区 3、区 4 等四个区域的各区开孔面积、区域面积和开孔率就如表 3.4 所列。由表 3.4 所列数据可见，各区开孔率均为 8%。

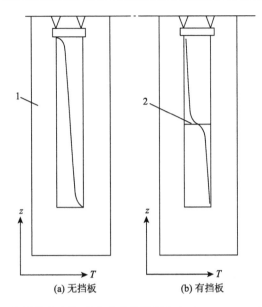

(a) 无挡板　　　　　　　　(b) 有挡板

图 3.14　高压釜内自然对流形成的温度分布（Chernov et al.，1984）

1. 高压釜釜体；2. 挡板

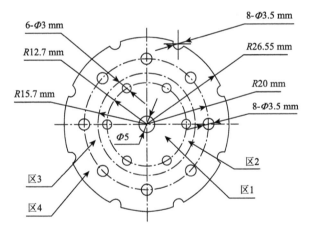

图 3.15　黄金挡板结构示意图

表 3.4　Φ60 mm×1100 mm 型高压釜黄金挡板各区开孔率大小表

区域	小孔面积/mm²			开孔总面积/mm²	区域面积/mm²	区域开孔率/%
	Φ5	Φ3.5	Φ3			
区 1	6.25π	0	6.75π	13.0π	161.3π	8.0
区 2	0	0	6.75π	6.75π	85.2π	8.0

区域	小孔面积/mm²			开孔总面积/mm²	区域面积/mm²	区域开孔率/%
	$\Phi5$	$\Phi3.5$	$\Phi3$			
区 3	0	12.25π	0	12.25π	153.5π	8.0
区 4	0	24.5π	0	24.5π	304.9π	8.0

挡板及其开孔率所起的主要作用有以下几点。

（1）将"悬浮式"黄金衬套管里的高温的原料溶解区与低温的晶体生长区分隔开，因而改变了黄金衬套管内的温场及其特性（对比图 3.8 与图 3.13），不仅缩短了过渡区的长度，增加了晶体生长区的长度，而且还降低了晶体生长区的温度梯度，这些对合成宝石晶体的水热法生长都是很有利的。

（2）挡板开孔率的大小可调节控制原料溶解区与晶体生长区溶液对流的强弱，亦即调节控制了两区热量和质量输运作用的强弱，因而对两区之间温差的大小以及晶体生长区溶液过饱和度的大小和晶体生长速度的大小都起到了非常重要的调节控制作用。

（3）开孔在挡板上是按面积大小在挡板各区域均匀分布，这使得衬套管的横截面上的热流量和物流量更加均匀和稳定，有利于晶体生长区上下部的晶体生长速度接近。

3.5　氧化-还原调控技术

3.5.1　概述

如前所述，要想水热法合成的彩色宝石晶体呈现出纯正、美丽、均匀的颜色，还需将致色离子掺入到合成宝石晶体中。然而有些致色离子是可变价的过渡金属离子，其价态取决于水热溶解-结晶体系中的氧化-还原气氛，同一致色元素不同的价态，可使晶体呈现出不同的颜色，因而需要采取适当而又有效的技术措施来调节水热体系中的氧化-还原气氛，以便控制致色离子的价态及其量比，使新生长的水热法合成宝石晶体呈现出预期的、漂亮的颜色来。

3.5.2　镍离子的价态及 Ni^{3+}/Ni^{2+} 量比的调节控制

由于 Fe^{2+}-Ti^{4+} 致色的蓝色蓝宝石的合成技术至今尚未完全突破，目前水热法合成的蓝色蓝宝石均是由镍离子致色的。镍具有 Ni^{3+} 和 Ni^{2+} 两种价态，分别赋予晶体黄色和蓝色色调，因此在合成彩色蓝宝石时就需要对镍离子的价态以及 Ni^{3+}/Ni^{2+} 的量比进行调控。

（1）以 Ni_2O_3 为致色剂，并添加 H_2O_2 为氧化剂使镍保持+3 价态，此时 Ni^{3+} 将类质同象地置换晶格中[AlO$_6$]八面体中的部分 Al^{3+}，生长出黄色的蓝宝石晶体（α-Al_2O_3：Ni^{3+}）。

（2）以 Ni_2O_3 为致色剂，并添加足够的草酸（$H_2C_2O_4$），此时将发生下列反应：

$$Ni_2O_3 + H_2C_2O_4 = 2NiO + H_2O + 2CO_2 \tag{3.25}$$

Ni^{3+} 全部被还原成 Ni^{2+}，蓝宝石晶体（α-Al_2O_3：Ni^{2+}）呈现出天空蓝色调。

（3）若调控草酸的加入量，仅使部分 Ni^{3+} 还原成 Ni^{2+} 来调控 Ni^{3+}/Ni^{2+} 量比，随着 Ni^{3+}/Ni^{2+} 比值的逐渐减小，晶体呈现出黄色—微带黄的绿色—绿色—微带蓝的绿色—绿-蓝色—蓝色的颜色变化（参见图 5.2）。

（4）若使用 Cu-Cu_2O、Cu_2O-CuO、PbO-Pb_3O_4 等氧化-还原缓冲对，也可达到上述同样的结果。

3.5.3　铁离子的价态及 Fe^{2+}/Fe^{3+} 量比的调节控制

水热法合成的海蓝宝石晶体是含 Fe^{2+} 的绿柱石晶体（$Be_3Al_2Si_6O_{18}$：Fe^{2+}），Fe^{2+} 类质同象地取代了绿柱石晶格中部分[BeO$_4$]四面体中的 Be^{2+} 或部分[AlO$_6$]八面体中的 Al^{3+}，并且位于隧道结构中而使晶体呈现出美丽的天蓝色或浅天蓝色。研究发现：在温度、压力、原料配方、矿化剂溶液、籽晶切向等生长参数保持不变的条件下，当水热溶解-结晶体系中的氧分压为图 3.16 中 Fe_2O_3/Fe_3O_4 平衡线以上的氧分

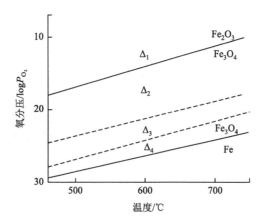

图 3.16　氧分压对数-温度图（Pugachev，1984）

Δ_1 为无色含铁绿柱石晶体；Δ_2、Δ_3、Δ_4 为海蓝宝石晶体，其中 Δ_4 显色最强

压时，所生长出来的晶体是无色的、含铁的（其 Fe^{2+}/Fe^{3+} 的比值很小）绿柱石晶体；只有当体系中的氧分压大小处在 Fe_2O_3/Fe_3O_4 和 Fe_3O_4/Fe 两条平衡线之间（亦即 Fe_3O_4 的稳定范围）时，才能生长出海蓝宝石晶体。并且氧分压大小越靠近 Fe_3O_4/Fe 平衡线时，其 Fe^{2+} 的致色效应也越强，新生长的晶体的也越漂亮。

　　综上所述，只有调节控制好合成宝石晶体水热溶解-结晶体系中的氧化-还原气氛，才能调节控制好变价致色离子的价态及其不同价态离子之间的量比，才能使新生长的宝石晶体呈现出所需的颜色。最后还需强调一点，在挑选氧化-还原缓冲对时，对过渡元素要特别注意，不要引入非宝石晶体水热生长体系所必需的过渡元素，否则新引入的过渡元素极有可能掺入新生长的宝石晶体中，从而改变宝石晶体的颜色。

3.6　色彩混合技术

3.6.1　概述

　　天然宝石晶体的颜色虽然丰富多样，但几乎不存在由单一波长色光所呈现的颜色。实际上，天然宝石晶体中的绝大多数都是由两种或两种以上的色彩相互混合而形成的混合颜色。因此，在合成彩色宝石晶体的水热法生长中，实验研究色彩混合与颜色品种的关系对于研究开发新品种来说就具有十分重要的意义了。在色彩混合中，与合成彩色宝石晶体的致色效应和呈色效果有密切关系的是"加色混合"和"减色混合"，如图 3.17 所示。下面，将简要地介绍这两种色彩混合作用，以便更好地认识色彩混合在合成宝石晶体致色和呈色中的作用，以及更好地将它们用于水热法合成彩色宝石的研究开发之中。

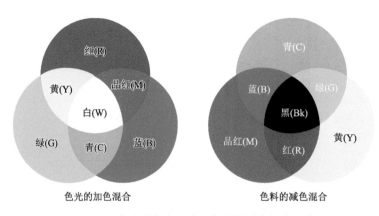

色光的加色混合　　　　　　　　　色料的减色混合

图 3.17　色光的加色混合及色料的减色混合示意

1. 色光的加色混合

色光是物体主动发出的光波，所谓色光的加色混合，指的是将两种或两种以上的色光相互混合而产生新的色光，并呈现新的颜色。研究表明，自然界中存在三种最基本的色光，即红（R）、绿（G）、蓝（B），并具有下列特点：①它们既是白光（W）分解后所得到的主要色光，又是混合色光中的主要成分，并且能与人眼视网膜细胞的光谱响应区间相匹配，符合人眼的视觉生理效应；②当这三种色光以不同的比例相互混合时，几乎可以得到自然界中的一切色光，呈现自然界中的所有颜色，因而它们的混合色域最大；③这三种色光具有独立性，即它们其中的任何一种色光都不能由另外两种色光混合而成。因此，人们称红、绿、蓝为色光三原色。

当红、绿、蓝三原色以其亮度比例为 1.0000∶4.5907∶0.0601 混合时，就能产生中性色的等能白光（即：$R+G+B=W$）；当红光与绿光等比例混合时就可得到黄光（即：$R+G=Y$）；当红光与蓝光等比例混时就可得到品红光（M）（$R+B=M$）；而当绿光与蓝光等比例混合时则可得到青光（C）（$B+G=C$）。如果将红、绿、蓝三原色以不同的比例混合时，会产生更加丰富的混合色光，呈现更加丰富的颜色，如黄绿、蓝紫、青蓝等混合（或过渡）颜色。

在色光混合中，存有下列 5 种混合规律：①色光连续变化规律：如在红光与绿光的混合过程中，当红光的强度不变而仅使绿光的强度逐渐减弱时，就可以看到混合色由黄色变为红色的各种过渡色彩。②补色律：当两种色光相互混合后得到了白光时，则称这两种色光为互补色光，称这两种色光所呈现的颜色为互补色。最基本的互补色有三对：红-青（R-C），绿-品红（G-M），蓝-黄（B-Y）。③中间色律：任何两种非互补色光混合，便产生中间混合色。其颜色取决于这两种色光的相对能量，而其鲜艳程度则取决于这两种色光在其色相顺序上的远近，越近者，其颜色就越鲜艳。④代替律：颜色外貌相同的光，不管它们的光谱成分是否一样，它们在色光混合中都具有相同的效果。换言之，凡是在视觉上相同的颜色都是等效的，因而相似颜色混合后，其混合颜色仍相似。例如，若色光 $A=B$、$C=D$，那么 $A+C=B+D$。⑤亮度相加律：由几种色光混合组成的混合色光的总亮度等于组成混合色的各种色光亮度的总和。因此，色光加色混合所得到的混合色，其明度是提高的。

总之，加色混合的实质就是色光与色光的混合，并生成新的色光，呈现新的颜色。同时，当两种或两种以上色光直接混合时，所产生的新色光的能量是参加的各色光能量之和，从而导致了其色光亮度的增加，即颜色明度的提高。

2. 色料的减色混合

与色光不同，色料本身不能发光而呈现颜色，它吸收了照射在它上面的光的一部分并反射或透射剩余部分光。所谓色料的减色混合法，指的是当两种或两种以上的色料相互混合时，从复色光中减去一种或几种单色光而呈现另一种颜色的方法。与色光三原色相类似，也有色料三原色，即：青、品红、黄。色料三原色具有下列特点：①能透过（或反射）光谱较宽的波长范围，且用色料三原色可匹配出更多的色彩；②当色料三原色以不同比例混合时，所得到的色域最大；③这种色料三原色中的任何一种都不能用其余两种原色色料混合而成。

当青、品红、黄三种原色色料按等比例混合时就可得到黑色（Bk），即 $Y + M + C = Bk$；当青、黄二原色色料等比例混合时可得到绿色，即 $C + Y = G$；而品红、黄二原色色料等比例混合则可得到红色，即 $M + Y = R$；青、品红二原色色料的等比例混合可得到蓝色，即 $C + M = B$。上述两种原色色料等比例混合所得到的颜色称为间色，而当三种原色色料不等比例混合时则可得到复色。

在色料混合中，存在以下变化规律：①三种原色色料等比例混合可得到黑色，而当其不等量混合时则可得到复色；②当间色与其互补色色料等比例混合时，就呈现黑色；③当间色与非互补色的原色色料混合时就得到复色，且随着原色色料浓度的不同，其复色不仅明度和饱和度不同，而且色相也不同。

综上所述，色料的呈色是色料选择性地吸收了入射光中的补色成分，而将剩余的色光反射或透射到人眼中而感知颜色。因此，色料减色法的实质就是色料对复色光中的某一单色光（补色光）的选择性吸收，而使入射光的能量减弱。由于色光能量下降，故混合色的明度就降低。

3.6.2　致色剂呈色效果及其色彩混合

通常宝石晶体本身不能发光。当光照射到宝石晶体上时，部分被反射，部分被吸收，部分被透过。透明的宝石晶体以透射光为主，兼有对光的反射，颜色主要由透过的光谱组成所决定。例如：我们看到的一粒红色的红宝石，是因为红宝石中杂质铬离子不同程度地选择性吸收了光源中黄绿光和蓝紫光，而透射出橙光、红光及部分未被吸收的蓝光。

纯净的刚玉晶体是无色透明的，由于杂质离子的致色作用，自然界中彩色刚玉宝石晶体的颜色十分丰富，几乎包括了可见光光谱中的红、橙、黄、绿、青、蓝、紫的所有颜色。彩色刚玉宝石晶体呈现的颜色与致色剂及其含量的关系如表3.5所示。

表 3.5　彩色刚玉宝石晶体颜色与致色剂及其含量的关系[*]

序号	颜色		致色剂	含量分数/%
1	浅红		Cr_2O_3	0.01~0.05
2	桃红		Cr_2O_3	0.1~0.2
3	深红		Cr_2O_3	2~3
4	黄色		NiO	0.5~1.0
5	天空蓝		Ni_2O_3	0.1~0.5
6	金黄		Cr_2O_3	0.01~0.05
			NiO	0.5
7	橙红（黄）		Cr_2O_3	0.2~0.5
			NiO	0.5
8	蓝色		Fe_2O_3[**]	0.1~1.5
			TiO_2	0.1~0.5
9	钴蓝色（热处理）		Co_2O_3	—
10	紫色		Cr_2O_3	0.1~0.3
			Fe_2O_3[*]	0.1~1.5
			TiO_2	0.1~0.5
11	绿色		Co_2O_3	0.12
			V_2O_5	0.3
12	黄绿~蓝绿		NiO[***]	0.1~1.0
13	变色	蓝紫（日光下）	V_2O_5	3~4
		红紫（灯光下）		

注：[*]数据引自张蓓莉（2006）和张克从等（1997）；[**]蓝色色调是由 Fe^{2+}—Ti^{4+}电荷转移引起，+2 价和+3 价的铁统一按 Fe_2O_3 计；[***]+2 价和+3 价的 Ni 统一按 NiO 计。

　　也正是因为自然界环境的复杂多样化，才使天然的刚玉宝石晶体的颜色丰富多彩，其呈色也往往是色彩混合的结果。例如产于缅甸的顶级"鸽血红"红宝石，Cr_2O_3 含量高达 2%~3%，同时还含有微量 Fe_2O_3 和 TiO_2，使之呈现出浓郁鲜艳的红色并带有一丝丝若有若无的蓝。产于非洲大陆的绿色蓝宝石也是由于其中含有 Co_2O_3 和 V_2O_5 而产生非常鲜艳的绿色。实验室中想要完全模拟出自然界的环境，合成出"鸽血红"红宝石还非常困难。在作者的研究中也发现，水热法合成的红宝石颜色随着 Cr_2O_3 含量的升高颜色变化为浅红—桃红—深红，但随着颜色的加深，明度也下降，对光源来讲，即相当于它的亮度变暗，显得很沉闷。

　　为获取颜色明亮鲜艳的水热法红宝石晶体，作者选择 Cr_2O_3、$K_2Cr_2O_7$ 等作为致色剂，进行了色彩混合的尝试，其结果如下。

（1）单独使用 Cr_2O_3 时，晶体呈现玫瑰红色，且含铬量也比较高，可达 0.3%～0.6%。但随着 Cr 含量的增大，颜色显得沉闷，并且晶体生长速度也变慢。

（2）单独使用 $K_2Cr_2O_7$ 时，晶体呈橙红色，铬含量也较低，仅 0.1%左右。但晶体明亮，生长速度较快。

（3）在培养料中按 1.04%和 0.29%的比例加入 Cr_2O_3 和 $K_2Cr_2O_7$，晶体为漂亮的鲜红色，明度有较大提高，且平均生长速度为 13.47 ct/d，与单独使用 Cr_2O_3 的 8.44 ct/d（表 3.3）相比提高了 59.6%。

对上述实验结果可作如下解释：①当单独用 Cr_2O_3 作致色剂时，晶体呈现玫瑰红色。根据上述的色彩混合原理，该种颜色实际上是红色中带有紫色的混合颜色。按上述色光连续变化规律，该种颜色相当于在红光与蓝光的不等比例混合过程中，当红光的强度不变而蓝光的强度逐渐减弱且从蓝色逐渐变化到红色时所呈现的一种过渡颜色，且红光强度比蓝光强度大。②当单独用 $K_2Cr_2O_7$ 作致色剂时，晶体呈现橙红色。同理，实际上它是红色中带有黄色的混合颜色，相当于在红光与黄光的不等比例混合过程中，当黄光的强度不变而红光的强度逐渐减弱时，在由红色逐步变为黄色的过程中所产生的一种过渡颜色，且黄光强度比红光强度大。③若按一定比例混合上述 2 种致色剂，将会由红、绿（绿光可由橙红色中的黄光与玫瑰红色中的蓝光混合而产生）、蓝三原色光以不等比例混合而形成新的色光，新生长的晶体也将呈现出新的混合颜色，即鲜艳的红色。因上述色彩混合属于色光的加色混合，故其颜色的明度也被提高。

综上所述，根据色彩混合理论，将不同的致色剂以适当的比例混合而构成的混合致色剂，可使合成宝石晶体呈现出所预期的、漂亮的混合颜色，因而上述这种色彩混合而产生新颜色的技术是研究开发新颜色宝石品种的一项比较实用的技术，值得进一步研究和开发。

3.7　体积测量技术

准确地测量高压釜反应腔的内体积，以及"悬浮式"黄金衬套管的容积，对于精准控制水热溶解-结晶体系的压力、平衡衬套管的内外压力，以及确保高压釜的可靠性都是至关重要的。例如，在测量 $\Phi42$ mm×750 mm 型高压釜反应腔的内体积时，是通过向反应腔注满蒸馏水来测量的。同一个人重复测量的误差可达 2～3 mL；而不同的人所测量的结果，误差则可达到 3～5 mL 甚至更大。

之所以如此，是因为水的表面张力比较大，它会在高压釜反应腔顶部端口处形成的"上凸半月形"的水面，仅凭肉眼观察很难确定水面的准确位置。显而易见，如果所观察到的水面位置不准确，则所测得的内体积也就不准确。此外，高压釜反应腔的内径越大，误差也就越大。

为了解决准确测量高压釜反应腔内体积这一具体问题，作者研制了体积测量器。该体积测量器是由水位探测头和水位电子报警器等两部分构成的，水位探测头的结构示意图见图 3.18。使用时将水位探测头置于反应腔端口处，当水面上升接触到 2 个探测电极时，报警器会发出报警，表示水已注满。该体积测量器不仅结构简单、制作容易，而且使用也方便、测量也准确。

实测结果表明，当采用该体积测量器测量 $\Phi42$ mm×750 mm 型高压釜反应腔的内体积时，同一个人重复测量以及不同人测量的结果都保持一致，最大误差也只有 0.2 mL。

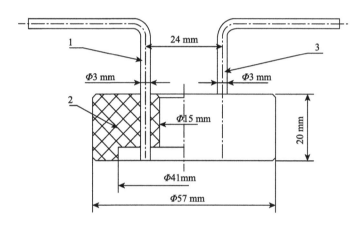

图 3.18　体积测量器水位探测头的结构示意图
1. 铜探测电极；2. 有机玻璃底座；3. 铜探测电极

3.8　合成宝石晶体水热法生长的工艺

合成宝石晶体水热法生长的工艺对于保证生长条件的调节控制、保证生长技术的有效实施、保证宝石晶体的优质快速生长都具有十分重要的实际意义，其工艺流程可分为封装高压釜前的准备、黄金衬套管的封装、高压釜的密封、宝石晶体的生长、开釜取出晶体五个具体操作步骤，流程较长，步骤较多，必须认真对待、细心操作，以策周全。

3.8.1　封装高压釜前的准备

该项操作包括矿化剂溶液的配制、原料配制、籽晶片切磨、黄金衬套管制作、设备安装与调试五个步骤，具体阐述如下。

1. 矿化剂溶液的配制

矿化剂水溶液一般可按定量分析化学的操作规程进行配制，但在配制过程中要特别注意下列两点。

（1）要求用于合成宝石晶体水热法生长的化学试剂的纯度应达到化学纯（CP）、最好达到分析纯（AR）或其高级别，以尽可能地降低杂质元素对晶体生长所产生的不利影响。若化学试剂达不到化学纯或分析纯，则必须对其进行化学提纯。

（2）对某些矿化剂溶液，如因环境条件变化而易于产生沉淀，或易于水解等，要求做到当天使用当天配制，如混合矿化剂 $KHCO_3 + Na_2CO_3$ 的水溶液，最好现配现用，以防止存放时间过久与空气中的 CO_2 反应。

2. 原料配制

加入到"悬浮式"黄金衬套管里的原料的质量和矿化剂溶液的体积可按前述式（2.19）计算，原料配方中各参数的含义及其与晶体生长之间的密切关系，详见 2.3.4 节中的相关内容。

3. 籽晶片切磨

该工艺流程为：定向切割—粗磨—打孔—细磨—退火处理—化学抛光—洗净烘干备用。

1）定向切割

对晶形完整的晶体，可在晶体上直接进行定向，然后在内圆切割机上进行定向切割。例如，水热法生长合成彩色刚玉晶体所用籽晶片，可在熔融法合成的具有星线结构的无色蓝宝石晶体上按图 3.19 进行切取。如图 3.19 所示，先沿晶体上下两端所显露的两条对应的星线夹角之平分线切开；然后，在切开面上沿与 c 轴成 30°夹角的方向将晶体平行切割成薄片。若晶形不完整，则先要在 X 射线定向仪上对晶体进行定向，然后再定向切割，误差要控制在 0.5°以内。

2）粗磨

将定向切取的籽晶片的两面在 180#电镀金刚石磨盘上磨平，磨掉刀痕，去掉裂纹，磨直或磨圆周边，尤其要去掉周边缺口。

3）打孔

在籽晶片长度方向的两端，用超声波打孔机各打一个小孔（Φ1.0 mm 左右），作为悬挂籽晶片之用。

4）细磨

将打好孔的籽晶片先在 400#、后在 800#电镀金刚石磨盘上细磨，在磨面上应无磨痕。

5）退火处理

在相当于 2/3 晶体熔点或低于熔点15～25℃的温度下对籽晶片进行退火处理，其目的是：一方面消除籽晶片在切割、粗磨和打孔过程中所积累下来的内应力，另一方面使晶体结构的完整性和光学的均匀性更好。

6）化学抛光

在通风柜中，将 3 份浓硫酸（H_2SO_4）和 1 份浓磷酸（H_3PO_4）加入烧杯中，用石英棒将其搅拌均匀，再将退好火的合成白宝石籽晶片放入其中，然后加热升温至230℃，并处理 15 min 后自然冷却至室温，清洗干净，烘干备用。

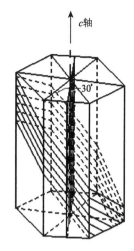

图 3.19　从熔融法合成的无色刚玉晶体上定向切割籽晶片的示意

4. 黄金衬套管制作

该工艺流程为：熔炼浇铸—压片卷管—焊接成形—整形过模—退火处理—盐酸处理—洗净烘干备用。

1）熔炼浇铸

使用中频感应炉将纯度为 99.99% 的黄金熔炼，再将融化后的黄金小心地倒入由铸钢制作的模具里铸成长方形的金块，冷却后取出再用 15% 的盐酸溶液中煮沸30 min，洗净擦干备用。

2）压片卷管

用精密软金属压片机将长方形的黄金块压制成 0.8 mm 厚的薄片，按衬套管的尺寸要求裁剪成长方形，再将其卷制成圆管状，要求接缝处尽可能弥合，以便于自熔焊接。

3）焊接成形

用氩弧焊（或乙炔、氧液化石油气、氢气等氧焊）沿上述黄金管的接缝将其自熔焊接好。所谓自熔焊接，指的是不用焊接料，而是依靠黄金局部微熔融时将其直接焊接。然后在焊接好的黄金管一端之端口处打制成半球形管底并将其自熔焊接好。于是，就制成了一端具有球形管底、一端敞口的黄金管。

4）整形过模

将管芯插入上述焊接成形的黄金管内，用小锤将焊接线轻轻地敲平，然后将其过模。所谓过模，指的是采用击打管芯端部的方式而使黄金管和管芯一起通过模具，并使黄金管被挤压变形，从而使黄金管的内、外尺寸达到设定的尺寸。最后，在管口处打制法兰边，以作密封焊接之用。

5）退火处理

用大号气焊枪的中低火焰将整个黄金管加热至暗红色进行退火处理，通过退火处理，能够消除掉黄金管在制作过程中所累积的应力，使黄金管各处的软硬度基本相同，从而使它在晶体水热法生长中的变形比较均匀。

6）盐酸处理

将制作好的黄金管在浓度为 10%～15%的盐酸溶液中煮沸，以清除加工中污染的杂质，再将其洗净烘干。至此，黄金衬套管就被制作成了。

5. 设备安装与调试

它包括仪器设备组装、高压釜耐温耐压试验、反应腔内温度-时间曲线测定和反应腔内温度-高度曲线测定四个步骤，分别阐述如下。

1）仪器设备组装

将高压釜、温差井式电阻炉、控温系统、压力传感装置、防爆装置等有机地组装在一起，从而构成一个完整的合成宝石晶体水热法生长的仪器设备系统。

2）高压釜的耐温耐压试验

该耐温耐压试验是在高压釜正式投入使用前必须做的工作，其目的是：①消除高压釜各零部件在机械加工过程中所累积的应力；②检验高压釜各零部件的相互配情况；③检验承受高温高压的零部件的变形情况；④检验高压釜在高温高压条件下的密封性能、运行的可靠性等。至于具体的耐温耐压试验请见 3.1.2 节中的相关内容，此处不再赘述。

3）高压釜反应腔内的温度-时间曲线

在仪器设备的调试中，首先要在常压高温的条件下测定高压釜反应腔内的温度-时间曲线，其目的是：①确定反应腔内温度到达与设定的炉膛温度所对应温度所需要的时间；②确立与炉膛上、下加热段电阻丝相连接的程序控制器的加热升温程序；③调整与中间加热段电阻丝相连接的调压器的输出电压。

具体做法是：将 4 支测温铠装热电偶放置在高压釜反应腔内从腔底至腔口的不同高度处，实时测量和记录在加热升温过程中每一测量点、每一测量时刻的温度，再用这些数据就可绘制成 4 条温度-时间曲线。一般情况下，通过 2～3 次试验测定，即可确立上、下加热段的程序控制器的加热升温程序以及中间调压器的输出电压。

为保证升温过程中籽晶片不至于被过度溶蚀，高压釜反应腔内的温度-时间曲线图要求炉膛内温度与反应腔内温度到达平衡所需要的时间最短，同时在加热升温过程中使反应腔内温度按底部温度＞中部温度＞顶部温度的次序而分布。由图 3.20 可见：①在加热升温过程中，反应腔内每一时刻的温度都是按原料溶解区下端温度＞晶体生长区下端温度＞晶体生长区中端温度＞晶体生长区上端温度的次序而分布的；②反应腔内温度与炉膛内温度到达平衡所需要的时间，最短约为12 h。实践证明，这样的温场特性有利于合成宝石晶体的温差水热法生长。

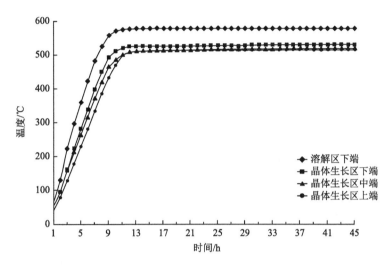

图 3.20　Φ42 mm×750 mm 型高压釜反应腔内温度-时间曲线图

4）反应腔内温度-高度曲线

该温度-高度曲线是在常压高温条件下、在高压釜的反应腔内实测的，它是设计合成宝石晶体水热法生长技术方案的重要依据之一，其曲线如图 3.8 和图 3.13 所示。该曲线的特点是要求是：在原料溶解区和晶体生长区分界处有明显的温差，且晶体生长区尽可能是等温区，也就是其平均温度梯度尽可能小。

6. 黄金衬套管的封装

该步骤的具体操作是：首先，准确地测量黄金衬套管内的自由体积 $V_{管}$（$V_{管}$ 为扣除籽晶片、籽晶架、挡板等的剩余体积），按前述式（2.19）计算并定量称取和加入所需要的固体颗粒原料和矿化剂溶液，再装入悬挂好了籽晶片的籽晶架和挡板等。然后，将黄金盖片与黄金衬套管的法兰边用氩弧焊或氧焊焊接密封。最后，将黄金衬套管的外表面洗净擦干，准备将其装入高压釜反应腔。

3.8.2　高压釜密封、晶体生长及其取出

1. 高压釜密封

该步骤具体操作如下：①将通过耐温耐压试验并经检查合格的高压釜清洗干

净，擦干其反应腔的内表面，装入上述已封装好的黄金衬套管，用体积测量器测量反应腔内的自由体积。②取出黄金衬套管，擦干其外表面待用。③抽干反应腔里的蒸馏水，擦干其内表面。④再将黄金衬套管装入反应腔内，并定量地加入按填充系数和反应腔自由体积计算得出的一定体积的蒸馏水。⑤将高压釜密封好。

2. 宝石晶体生长

①将密封好的高压釜平稳地吊装入温差井式电阻炉内，并用炉盖和硅酸铝纤维棉等将炉膛口封好。②通电启动温度控制系统，炉膛温度按设定的程序开始升温至设定温度后保持恒温，与此同时衬套管内温度、压力也相应地同步升高并进入恒定状态，于是宝石晶体开始生长。

3. 开釜取出晶体

①当到达预定的生长周期（一般为 15 个昼夜）时，即可断电停机。②高压釜在炉膛内随炉冷至 250℃后可将其从电炉内吊出，并在螺栓处滴入少许机油以利于后续开釜。③高压釜冷却至室温后方可打开，否则釜内还尚有残余的压力，贸然打开会有危险。④取出并打开黄金衬套管，将已长大的宝石晶体取出并洗净、烘干、称重、入库。

参 考 文 献

郭茂先，2002. 工业电炉[M]. 北京：冶金工业出版社.

邵国华，魏兆灿，2002. 超高压容器[M]. 北京：化学工业出版社.

王秉铨，2010. 工业电炉设计手册[M]. 北京：机械工业出版社.

徐兆康，2004. 工业炉设计基础[M]. 上海：上海交通大学出版社.

臧尔寿，1983. 热处理炉[M]. 北京：冶金工业出版社.

曾贻善，2003. 实验地球化学[M]. 2 版. 北京：北京大学出版社.

张蓓莉，2006. 系统宝石学[M]. 2 版. 北京：地质出版社.

张克从，张乐潓，1997. 晶体生长科学与技术：下册[M]. 2 版. 北京：科学出版社.

郑津洋，桑芝富，2015. 过程设备设计[M]. 4 版. 北京：化学工业出版社.

中国金属学会高温材料分会，2012. 中国高温合金手册：上、下卷[M]. 北京：中国质检出版社.

Chernov A A，Alexandera A，1984. Crystal Growth[M]. Berlin：Springer-Verlag.

Kennedy G C，1950. Pressure-volume-temperature relations in water at elevated temperatures and pressures[J]. American Journal of Science，248：540-564.

Pugachev A I，1984. Effect of P_{O_2} on structural impurities of iron in hydrothermal beryl（in Russian）[J]. *Fiziko-Khimiya Issled. Sul'fidnykh Silik. Sist.*，1984：87-93.

第4章 合成祖母绿晶体的水热法生长和宝石学特征

4.1 概　述

祖母绿晶体既是一种名贵的宝石晶体，又是一种宽带可调谐激光晶体。祖母绿的颜色苍翠碧绿，柔和悦目，被称为"绿色宝石之王"，与钻石、红宝石、蓝宝石和猫眼石等一起跻身于世界五大名贵宝石之列。它既是五月生辰石，又是忠诚友谊、纯洁爱情的美好象征，有着深刻的文化内涵和美好的精神寄托，是古今中外备受人们喜爱的名贵宝石之一。

祖母绿的化学式为 $Be_3Al_2Si_6O_{18}$，是一种铍铝硅酸盐矿物，在矿物学中属绿柱石族。绿柱石晶体结构中的$[SiO_4]$共角顶相连成六方环$[Si_6O_{18}]$，上下六方环彼此错开 25°形成六方柱状空管隧道，同时$[Si_6O_{18}]$与 Be 原子以四面体的形式结合，又与 Al 原子以八面体的形式结合。虽然绿柱石的化学式里并没有水，但$[Si_6O_{18}]$形成了直径很大的隧道，最宽处可达到 5.1 Å，可以容纳水分子以及大半径的碱金属元素（Li、Na、K、Rb、Cs），因此绿柱石中常含有相当数量的水。水在绿柱石中可分为 2 种型式：当隧道中没有碱金属离子时，水分子 H-O-H 平行于六方管状隧道的长轴，称为Ⅰ型水；当隧道中有碱金属离子时，因水分子中的氧被碱金属离子吸引，故水分子 H-O-H 垂直于六方管状隧道的长轴，称为Ⅱ型水（图 4.1）。

少量的过渡金属元素，如 Cr、Fe、V、Mn、Co、Cu、Zr、Nb 等常以类质同象的形式置换绿柱石中的 Al 和 Be，从而使绿柱石拥有丰富多彩的颜色，成为一个庞大的宝石家族，其中只有以 Cr 或 V 取代 Al 为主而致色的绿色绿柱石在宝石学上才能被称为祖母绿（图 4.2）。祖母绿晶体结构中的 Be、Al 的类质同象置换被细分成两种类型，一种是八面体位点中的 Al 被取代，另一种是四面体位点中的 Be 被取代。八面体位点中的 Al 可以被 Cr、V、Fe、Ni 等三价过渡金属等价取代；也可以被 Mn、Fe、Mg 等二价过渡金属不等价取代，此时作为电荷补偿，碱金属将进入绿柱石晶体结构中的隧道位点。四面体位点中的 Be 则可以被 Cu、Fe 等二价过渡金属等价取代，也可以被 Li 等一价金属不等价取代，此时同样需要碱金属进入隧道位点进行电荷补偿。

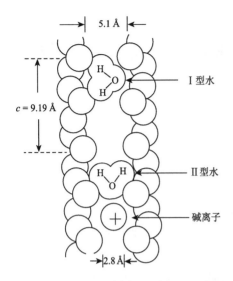

图 4.1　绿柱石隧道中的 I 型水和 II 型水　　　图 4.2　天然哥伦比亚祖母绿矿物标本

　　祖母绿在自然界的产出十分稀少，且又经过长期开采利用，因而优质的祖母绿晶体日趋稀少，弥足珍贵，其中特别是质优粒大的祖母绿晶体及其饰品更为罕见，供不应求，价格昂贵。例如，在美国亚利桑那州图森市一年一度的国际宝石和矿物展销会上，产于哥伦比亚（目前国际珠宝市场上优质天然祖母绿晶体的 75%~80%产于哥伦比亚）的、重量在 4~5 ct 以上的优质天然祖母绿晶体的刻面饰品，其单价为 1.2 万~1.5 万美元/ct。因此，人工合成祖母绿晶体历来就是人们关注的热门课题。研究表明，祖母绿晶体属于非同成分熔化晶体，因而不能采用熔体法生长，而只能用助熔剂法和水热法来生长。在 20 世纪 70 年代，特别是自 20 世纪 90 年代初以来，采用助熔剂法和水热法生长的祖母绿晶体及饰品均已批量地投放到了国际珠宝市场，而其中的水热法合成祖母绿晶体及饰品则是最主要、最畅销的产品，占合成祖母绿晶体及饰品在国际珠宝市场上投放总量的 75%~80%。由此可见，水热法是合成祖母绿晶体生长方法中最重要的一种方法。

　　首个出现在珠宝市场上的水热法合成祖母绿是由 Lechleitner 生长的"夹心饼干型"祖母绿，随后美国联合碳化物公司 Linde 分部、澳大利亚的 Biron 公司以及本书作者所在的桂林院等都推出过各自的产品，但现均已停产。目前国际上水热法合成祖母绿晶体供应商仅剩 Tairus 和捷克的 Malossi 二家，其中 Tairus 是最主要的生产商，每年水热法合成祖母绿晶体的总产量约为 200~300 kg，占世界年总产量的 75%左右。

本章主要介绍 Tairus 和桂林院的水热法合成祖母绿技术、生长条件、宝石学特征等方面的内容。

4.2 Tairus 水热法合成祖母绿晶体及其宝石学特征

4.2.1 Tairus 合成祖母绿晶体的水热法生长

Tairus 成立于 1989 年，由泰国 Pinky Trading（Thailand）和苏联科学院（现俄罗斯科学院）西伯利亚分院合资组建，其名称中的前三个字母"Tai"即表示泰国，后三个字母"rus"则代表俄罗斯。Tairus 的技术源自西伯利亚分院所属的矿物学和岩石学研究所，该研究所曾于 20 世纪 60 年代秘密研究祖母绿晶体的水热法生长技术，其目的是获得可用于可调谐激光器的激光介质——祖母绿晶体。但随着钛宝石（$Ti：Al_2O_3$）的崛起，祖母绿晶体在可调谐激光器上的作用逐渐被边缘化。

Tairus 水热法生长祖母绿的关键技术，特别是矿化剂配方等迄今仍然严格保密，外界知之甚少。据 Schmetzer 等的报道，Tairus 水热法合成的祖母绿共有 2 种类型，主要区别是掺质的致色离子不同（Schmetzer，1988；Schmetzer et al.，2006）。第一种是以 Cr^{3+}、Fe^{3+}、Cu^{2+} 和 Ni^{2+} 等复合着色的传统祖母绿，本书简称为 A 型，A 型祖母绿自 Tairus 成立以来就一直在生产；第二种是 2004 年 9 月才研发成功的，以 V^{3+} 和 Cu^{2+} 为主要致色离子的新型"哥伦比亚绿"祖母绿，本书简称为 B 型。两种类型祖母绿的水热法生长条件基本相同，见表 4.1。

表 4.1 Tairus 合成两种类型祖母绿的水热法生长条件（Schmetzer，1988，1996；Schmetzer et al.，2006）

条件	A 型	B 型
高压釜	不锈钢高压釜，容积约 200～800 mL	内螺纹式自紧密封高压釜，容积约 250～300 mL
衬套管	无贵金属衬套管	无贵金属衬套管
生长温度	550～620℃	约 600℃
温差	45℃，20～100℃，或 70～130℃	50～100℃
压力	80～150 MPa	150 MPa
矿化剂溶液	复杂的酸性或含氟的多组元酸性溶液	无相关信息
培养料	天然绿柱石，或含 Si、Be 和 Al 的氧化物	无色或淡绿色天然绿柱石
致色剂	无相关信息	无相关信息

续表

条件	A 型	B 型
籽晶片	①经典切向：平行于 {55$\overline{10}$6}，与 c 轴夹角约 31°，面积约 6 cm² ②新型切向：平行于 {11$\overline{2}$1}，与 c 轴夹角 43°～47°	与 c 轴夹角约 30°～32°，尺寸约 80 mm×18 mm
生长速度	0.2～0.3 mm/d	0.3 mm/d
生长周期	20～30 d	20 d
原晶质量/尺寸	10～20 g	80 mm×18 mm×14 mm

　　Tairus 水热法生长祖母绿晶体的技术最独特之处，是没有使用贵金属衬套管，并采用一特殊的、腐蚀性较弱的酸性或含氟的复杂矿化剂溶液。本书作者曾到访过 Tairus（图 4.3），在参观过程中发现其籽晶架为普通铁基合金制成（图 4.4），这也证实了 Tairus 确实没有使用贵金属衬套管。由于没有使用贵金属衬套管，特别是"悬浮式"的贵金属衬套管，因而使得 Tairus 的技术更简单、更稳定可靠，生产成本也更低，这也使其能够在市场竞争中脱颖而出。

图 4.3　本书作者到访 Tairus　　　　　图 4.4　工作人员正在籽晶架上绑籽晶片

　　图 4.5 是 Tairus 水热法生长祖母绿的透明模型，图 4.6 是其使用的高压釜实物。从模型中可以看出，高压釜上部的晶体生长区悬挂有籽晶片（白色，通常悬挂 2 片），底部的原料溶解区则放置有以天然绿柱石（无色或淡绿色）碎颗粒为主的

培养料，这是一典型的温差水热法技术方案。俄罗斯乌拉尔地区盛产绿柱石矿，这也使得 Tairus 在原料成本上具有竞争优势。图 4.7～图 4.10 分别是 Tairus 生长的 A 型和 B 型水热法合成祖母绿的原晶及刻面饰品。

　　大多数 Tairus 的水热法合成祖母绿的籽晶片切向以平行于 $\{55\overline{10}6\}$ 为主，与 c 轴夹角约 31°，该方向上晶体生长速度较快，内部生长纹的鉴定特征明显。为避免这一问题，Tairus 于 1993 年推出了一种新型的籽晶切向（Schmetzer，1996），其籽晶切向平行于 $\{11\overline{2}1\}$，与 c 轴夹角 43°～47°，该方向上晶体生长速度较慢，但无明显的生长纹和角状图案，缺乏前者的典型生长纹鉴定特征。

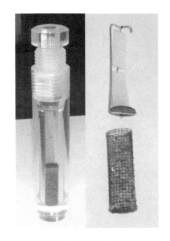

图 4.5　Tairus 水热法生长祖母绿模型
（Schmetzer et al.，2006）

图 4.6　高压釜
（Schmetzer et al.，2006）

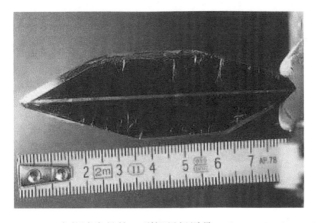

图 4.7　Tairus 水热法生长的 A 型祖母绿原晶 1（Sosso et al.，1995）

图 4.8　Tairus 水热法生长的 A 型祖母绿原晶 2（Schmetzer et al.，2006）

图 4.9　Tairus 水热法合成经典祖母绿（A 型）的刻面饰品（Nassau，1990）

图 4.10　Tairus 水热法合成"哥伦比亚绿"祖母绿（B 型）的刻面饰品（Schmetzer et al.，2006）

4.2.2　Tairus 水热法合成祖母绿晶体的宝石学特征

1. 结晶学及宝石学特征

Tairus 的水热法合成祖母绿原晶通常呈厚的长板状（图 4.7、图 4.8），都有 2 个平行于籽晶片、不平坦、起伏的粗糙表面，该粗糙的阶梯状表面是由几个相对于籽晶片略微倾斜取向的晶面所组成。两种类型的水热法合成祖母绿的宝石学特征见表 4.2，基本上与不同产地的天然祖母绿重叠，对紫外光辐射反应呈惰性表明晶体中有明显的 Fe 存在。

表 4.2　Tairus 水热法合成祖母绿的宝石学特征（Schmetzer，1988；Schmetzer et al.，2006）

性质		A 型祖母绿	B 型祖母绿
颜色		带蓝色的深绿色	带非常浅蓝色的绿色
颜色分布 （肉眼观察）		无明显色带	均匀
多色性		平行 c 轴：偏绿的蓝色 垂直 c 轴：黄绿色	平行 c 轴：偏蓝的绿色 垂直 c 轴：偏黄的绿色
折射率	n_o	$1.580\sim1.586$	$1.576\sim1.578$
	n_e	$1.573\sim1.579$	$1.570\sim1.571$
双折射率		$0.006\sim0.007$	$0.006\sim0.007$
相对密度		$2.68\sim2.70$	$2.68\sim2.69$
长波紫外荧光		惰性	惰性
短波紫外荧光		惰性	惰性

2. 化学成分特征

Tairus 水热法合成的 A 型和 B 型祖母绿晶体的化学成分含量（质量分数）分析结果列于表 4.3。对比表 4.3 中的数据可以明显看出，A 型祖母绿的致色过渡金属元素以 Cr 和 Fe 为主，并且 Fe 的含量出奇地高，同时还辅以微量的 Cu 和 Ni。这些过渡金属元素的价态和晶格位置由可见光和紫外区域的吸收带来判定（参见本节吸收光谱特征及颜色部分），根据这些数据可以确定在 A 型祖母绿中 Cu 以二价态取代四面体位点中的 Be，而 Cr、Fe、Ni 仅以三价态存在于八面体 Al 点位中。与大多数天然祖母绿不含 Cu、Ni 相比，样品中含 Cu 和 Ni 比较突出，另外 Mg 和 Na 的含量非常低。

　　2001年Tairus收购了澳大利亚Biron公司，并获取了Biron公司由等量的Cr和V致色的水热法合成祖母绿的相关知识产权和技术诀窍。在此基础上，Tairus试图开发一种在化学成分和致色机理上与世界顶级的哥伦比亚祖母绿（例如在哥伦比亚穆索的一些顶级祖母绿中，V的含量甚至超过了Cr的含量）一致或相近的水热法合成祖母绿并获得成功，这就是后来被命名为"哥伦比亚绿"的祖母绿，也就是本书中的B型祖母绿，其颜色上较A型的深绿色更为苍翠碧绿，柔和悦目。在B型祖母绿晶体中，主要的致色过渡金属元素是V、Cu、Cr，并且是以V和Cu为主。与A型祖母绿一样，Cu也以二价态取代四面体位点中的Be，V和Cr以三价态取代八面体位点中的Al。

表4.3　Tairus水热法合成祖母绿的化学成分含量　　　　（单位：%）

		A型祖母绿					B型祖母绿				天然祖母绿	
		A1	A2	A3	A4	A5	B1	B2	B3	B4	C1	C2
主元素	BeO^*	13.58	13.80	13.60	13.50	13.30	13.50	13.50	13.50	13.50	nd	nd
	Al_2O_3	16.05	15.31	16.36	16.00	16.40	18.22	18.03	18.11	18.30	16.89	11.7~18.2
	SiO_2	65.38	65.90	65.70	66.00	65.80	64.91	64.62	63.81	64.45	64.86	63.3~66.5
致色元素	Cr_2O_3	0.35	0.61	0.22	0.39	0.23	0.03	0.04	0.04	0.04	0.165	tr~1.2
	Fe_2O_3	3.00	—	—	—	—	0.01	0.03	0.01	0.01	0.28	—
	FeO	—	2.54	2.05	2.32	0.28	—	—	—	—	0.28	tr~2.0
	CuO	0.10	0.10	0.00	0.00	0.00	0.13	0.10	0.09	0.12	bdl	—
	Ni_2O_3	0.72										0~tr
	NiO	—	0.15	0.20	0.10	0.10	0.01	0.02	0.01	0.01	bdl	
	V_2O_3	<0.01	bdl	bdl	bdl	bdl	1.14	1.33	1.34	1.36	bdl	tr~2.0
	MnO	<0.01	—	—	—	—	0.01	0.01	0.01	0.02	—	0~tr
其他杂质	MgO	0.04	bdl	0.05	0.02	0.04	0.01	0.01	0.01	0.01	1.29	≤3.1
	TiO_2	—	—	—	—	—	0.01	0.01	0.01	0.01	—	0~tr
	F	—	—	—	—	—	bdl	bdl	bdl	bdl	—	—
	Cl	—	bdl	bdl	bdl	bdl	bdl	bdl	bdl	bdl	bdl	nd
隧道中杂质	Li_2O^*	nd	—	—	—	—	0.26	0.26	0.26	0.26	—	—
	Na_2O	0.03	0.06	0.07	0.01	—	0.02	0.02	0.03	0.02	0.82	≤2.3
	K_2O	0.03	—	—	—	—	0.01	0.01	0.02	0.01	—	0~tr
	Cs_2O	—	—	—	—	—	bdl	bdl	bdl	bdl	—	0~tr
	H_2O^*	0.98	—	—	—	—	1.48	1.48	1.48	1.48	—	—

　　注：样品A1的数据引自Schmetzer（1988）；样品A2~A5、C1（产自乌拉尔）的数据引自Mashkovtsev等（2004）；样品B1~B4的数据引自Schmetzer等（2006）；样品C2的数据引自Stockton（1984），为38个样品的统计值；nd为未检测出；tr为痕量（<0.02%）；bdl为低于检测下限（0.01%）；一为无相关数据；*为BeO、Li_2O、H_2O等采用湿法化学分析。

3. 吸收光谱特征

在宝石晶体的鉴定中，吸收光谱通常划分成 2 个波段的吸收光谱，即紫外-可见光吸收光谱（ultraviolet-visible absorption spectrum，简称 UV-Vis 吸收光谱，波长范围一般为：300～800 nm 或延伸到 1500 nm）和傅里叶变换红外吸收光谱（Fourier transform infrared spectrum，FTIR，常用的波数范围为：4000～400 cm^{-1}，其中波长与波数互为倒数关系）。UV-Vis 吸收光谱属于电子光谱，它们都是由价电子吸收光的能量后跃迁产生的。宝石的颜色是宝石中的过渡金属元素，如 Ti、V、Cr、Mn、Fe、Co、Ni、Cu 等，对不同波长的可见光选择性吸收造成的，因此研究宝石的 UV-Vis 吸收光谱，可以帮助鉴定宝石品种，推断宝石的致色原因，研究宝石颜色的组成等。而波数在 4000～400 cm^{-1} 的中红外光不足以使样品产生电子能级的跃迁，而只是振动能级与转动能级的跃迁，它涉及分子的基频振动，绝大多数宝石的基频吸收带出现在该区域。基频振动是傅里叶变换红外吸收光谱中吸收最强的振动类型，利用这一区域特征的红外吸收谱带，可鉴别宝石中可能存在的官能团，故在宝石学中应用极为广泛。

1）UV-Vis 吸收光谱特征及颜色

Tairus 水热法合成的 A 型祖母绿的 5 个样品的 UV-Vis 吸收光谱见图 4.11，光谱数据见表 4.4。表 4.4 中列出了图 4.11 中标注的 1、4、6～20 吸收峰的位置，以及吸收带的偏振态和吸收指派等。

表 4.4　Tairus 水热法合成的 A 型祖母绿的 UV-Vis 吸收光谱数据（Schmetzer，1988）

标号	吸收峰位置		吸收带的偏振态	吸收指派
	波数/cm^{-1}	波长/nm		
1	10 900	917	//c 轴	Cu^{2+}，四面体 Be 点位
4	13 300	752	⊥c 轴	Cu^{2+}，四面体 Be 点位
6	14 600	685	//c 轴	Cr^{3+}，八面体 Al 点位
7	14 700	680	⊥c 轴	Cr^{3+}，八面体 Al 点位
8	15 100	662	//c 轴	Cr^{3+}，八面体 Al 点位
9	15 500	645	//c 轴	Cr^{3+}，八面体 Al 点位
10	15 700	637	⊥c 轴	Cr^{3+}，八面体 Al 点位
11	15 900	629	//c 轴	Cr^{3+}，八面体 Al 点位
12	16 500	606	//c 轴	Ni^{3+}，八面体 Al 点位
13	16 600	602	⊥c 轴	Cr^{3+}，八面体 Al 点位
14	16 800	595	//c 轴	Ni^{3+}，八面体 Al 点位
15	22 000	455	⊥c 轴	Ni^{3+}，八面体 Al 点位
16	23 200	431	⊥c 轴	Cr^{3+}，八面体 Al 点位
17	23 500	426	//c 轴≫⊥c 轴	Fe^{3+}，八面体 Al 点位

续表

标号	吸收峰位置		吸收带的偏振态	吸收指派
	波数/cm⁻¹	波长/nm		
18	23 800	420	// c 轴	Cr^{3+}，八面体 Al 点位
19	24 200	413	⊥ c 轴	Ni^{3+}，八面体 Al 点位
20	27 000	370	⊥ c 轴 ≫ // c 轴	Fe^{3+}，八面体 Al 点位

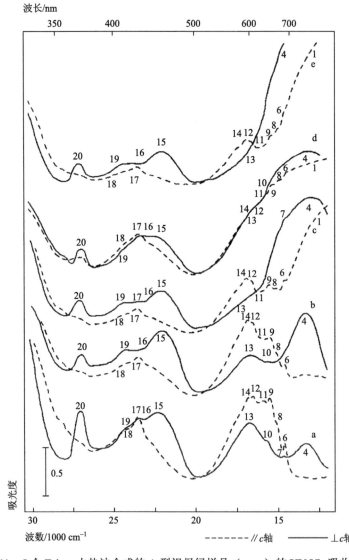

图 4.11 5 个 Tairus 水热法合成的 A 型祖母绿样品（a～e）的 UV-Vis 吸收光谱图
（Schmetzer，1988）

结合 A 型祖母绿的化学成分分析数据可以看出，A 型祖母绿的样品中含有 4 种致色的过渡金属元素：Cr、Fe、Ni 和 Cu。其中 Cu 是取代 Be 进入四面体的点位，Ni 是取代 Al 进入八面体的点位，并且图 4.11 中 Cu 的吸收峰（1、4），以及 Ni 的吸收峰（12、14、15、19）在天然及其他人工合成的祖母绿样品中没有被观测到。Cr 的吸收峰位置及吸收指派与天然祖母绿完全一致。Fe 的吸收峰仅出现了进入八面体点位的 Fe^{3+} 的吸收峰，缺少天然祖母绿中常见的 Fe^{2+} 占据四面体和八面体点位的吸收峰（分别位于 820 nm 和 833 nm），以及 Fe^{2+}/Fe^{3+} 的电荷转移吸收带（559~752 nm），这表明 A 型祖母绿是在氧化环境下生长的，并且不具有海蓝宝石的致色成分。

考虑到大多数人的眼睛可以看到的可见光波长范围是 390~780 nm，A 型祖母绿的颜色和多向色性是由于含有大量的 Cr 和 Ni，额外的大量三价 Fe 和二价 Cu 对颜色没有明显的影响。

Tairus 水热法合成的 B 型祖母绿的 2 个样品的 UV-Vis 吸收光谱见图 4.12，光谱数据见表 4.5。

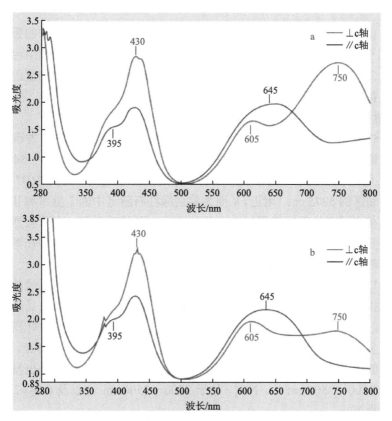

图 4.12　2 个 Tairus 水热法合成的 B 型祖母绿样品（a、b）的 UV-Vis 吸收光谱图
（Schmetzer et al.，2006）

表 4.5　Tairus 水热法合成的 B 型祖母绿的 UV-Vis 吸收光谱数据（Schmetzer et al., 2006）

吸收峰位置（波长/nm）	吸收带的偏振态	吸收指派
1180	⊥c 轴	Cu^{2+}，四面体 Be 点位
920	//c 轴	Cu^{2+}，四面体 Be 点位
750	⊥c 轴	Cu^{2+}，四面体 Be 点位
680（被 Cu^{2+}在 750 nm 处的吸收带屏蔽）	⊥c 轴	V^{3+}，八面体 Al 点位
645	//c 轴	V^{3+}，八面体 Al 点位
605	⊥c 轴	V^{3+}，八面体 Al 点位
430	⊥c 轴>//c 轴	V^{3+}，八面体 Al 点位
395	//c 轴>⊥c 轴	V^{3+}，八面体 Al 点位

在 B 型祖母绿中，只显示出了 V 和 Cu 的吸收带，Cr、Fe、Ni 的吸收带则完全被 V 的更强吸收带所掩盖。因此 B 型祖母绿的颜色可以看成是应用色彩混合技术（参见 3.6 节中的相关内容），由 V 导致的黄绿色受由 Cu 导致的蓝色影响而转变成所需的"带非常浅蓝色的绿色"，即所谓的"哥伦比亚绿"。

2）傅里叶变换红外吸收光谱特征

前人对绿柱石隧道中的水的红外吸收特征进行过仔细地研究，发现 I 型水有两个吸收谱带，分别位于伸缩振动区的 3595 cm^{-1} 和合频振动区的 5450 cm^{-1}、5110 cm^{-1} 附近；II 型水有两个吸收谱带，分别位于伸缩振动区的 3697 cm^{-1} 附近及合频振动区的 5275 cm^{-1} 附近，从而为鉴别绿柱石隧道中的 I 型水和 II 型水奠定了基础。在高碱度的天然祖母绿中，II 型水是主要的吸收带，吸收强烈，而 I 型水则是次要的吸收带，吸收较弱。在低碱度的天然祖母绿中，例如在哥伦比亚祖母绿中，两种水的吸收带都存在，并且都吸收强烈。

图 4.13 和图 4.14 分别是 Tairus 水热法合成的 A 型和 B 型祖母绿的傅里叶变换红外吸收光谱，两者都在 3595 cm^{-1} 和 3697 cm^{-1} 处有强吸收带而且吸收强度也相差无几，这与天然低碱度的祖母绿，例如哥伦比亚祖母绿的傅里叶变换红外吸收光谱完全相符，表明 A 型和 B 型祖母绿中都有 I 型和 II 型水的存在。Na、K 等的含量很低，II 型水显然与绿柱石结构隧道位点中的 Li^+ 相邻。另外也没有发现与 Cl^-（位于 3100~2500 cm^{-1}）、NH_4^+（位于 3300~2500 cm^{-1}）以及 CO_2（2360 cm^{-1}）有关的吸收带。

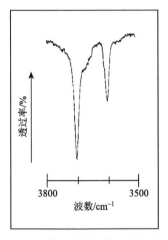

图 4.13 A 型祖母绿的傅里叶变换红外
吸收光谱（Schmetzer，1988）

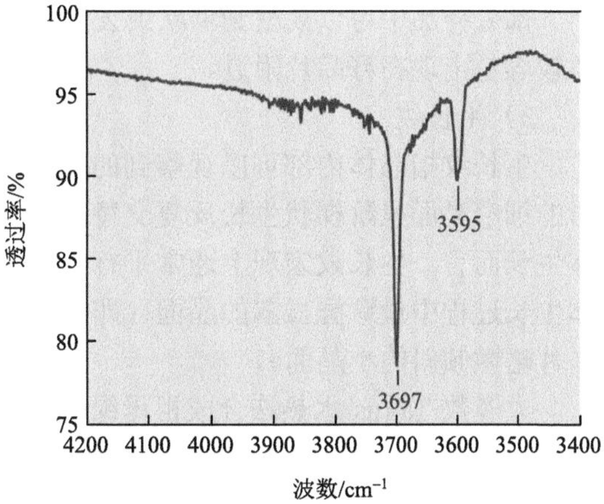

图 4.14 B 型祖母绿的傅里叶变换红外吸收光谱
（Schmetzer et al.，2006）

由于两种类型的水分子同时存在，Tairus 水热法合成祖母绿的傅里叶变换红外吸收光谱与天然低碱的祖母绿的傅里叶变换红外吸收光谱相同，因此，傅里叶变换红外吸收光谱无法将 Tairus 水热法合成的祖母绿与天然祖母绿区分开来。

4. 包裹体等内含物特征

部分 Tairus 水热法合成的样品内部比较干净，而有些样品中则可以观察到固体包裹体、流体包裹体、生长纹等。

1）金属铜等固体包裹体

Tairus 水热法合成的个别样品中可以观察到金属铜包裹体（图 4.15），呈薄片状，具金属光泽。而这类金属铜包裹体在天然祖母绿及助熔剂法合成的祖母绿中均极为罕见。另外有时也观察到密集的白色固体颗粒包裹体（Koivula et al.，1996）。

图 4.15 金属铜包裹体
（Schmetzer et al.，2006）

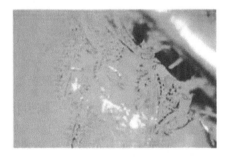

图 4.16 羽状的气液两相包裹体
（Sosso et al.，1995）

2）流体包裹体

部分样品中可以观察到羽状或云雾状的气液两相包裹体（图 4.16），这类包裹体较容易出现在籽晶片附近。

3）生长纹

生长纹指晶体内部可以观察到的反映晶体生长过程的线纹或图案，由两个单形的细窄晶面呈阶梯状生长反复交替出现而形成。对于在籽晶上进行的水热法晶体生长而言，生长纹宏观上通常平行于籽晶片的平面，而局部微观上则平行于晶体生长过程中最顽强显露的晶面（即组成原晶中粗糙的阶梯状表面，且相对于籽晶片略微倾斜的小晶面）。

大多数 Tairus 水热法合成祖母绿的内部都有波状或锯齿状的生长纹和色带，这一特征是由晶体生长时籽晶片的切向及基本相同的生长条件所决定的。Tairus 水热法合成的祖母绿大多采用切向平行于 $\{5\overline{5}106\}$ 的籽晶片，在此情况下，晶体生长速度较快，经济效益高，但也为晶体内部留下了典型的鉴定特征。图 4.17 和图 4.18 中均显示有"水波浪""锯齿状""阶梯状"的生长纹（图中为横向），该生长纹路平行于籽晶片平面，与 c 轴的夹角在 28°～32°之间。在几乎垂直于阶梯状生长纹的方向上，存在不规则且具有多种取向的亚晶界线，与生长纹形成角状图案。这一特征是天然祖母绿中所没有的，也与其他合成祖母绿相区别。

图 4.17　刻面宝石中的生长纹及亚晶界线　　　图 4.18　原晶中的生长纹及亚晶界线
（Schmetzer et al.，2006）　　　　　　　（Schmetzer et al.，2006）

5. Tairus 水热法合成祖母绿的鉴定特征

（1）"水波浪""阶梯状""锯齿状"等形状的生长纹及几乎垂直于生长纹的亚晶界线是最典型的鉴定特征，这一特征是天然祖母绿中所没有的。

（2）鉴于天然祖母绿及其他合成祖母绿中几乎没有含 Cu 的成分，可根据 Tairus 水热法合成祖母绿中较高的 Cu 含量，以及金属铜包裹体等特征将其区分开来。

4.3　桂林水热法合成祖母绿晶体及其宝石学特征

4.3.1　桂林合成祖母绿晶体的水热法生长

与其他同行相比,桂林院的水热法合成祖母绿晶体研究起步较晚,1987 年开始研究,1990 年产品投放市场。

由于缺少天然绿柱石作为培养料,只能使用 SiO_2、BeO、Al_2O_3 和 Cr_2O_3 等化学试剂作为培养料,并且因各成分在溶液中的溶解度不同,无法保证像使用天然绿柱石作原料一样来保证培养料的同成分溶解。因此桂林水热法合成祖母绿在技术方案上采取的是温差水热法的亚类"分隔原料法",即将所需原料中的 BeO、Al_2O_3 和致色剂 Cr_2O_3 等置入"悬浮式"黄金衬套管下部的高温度区,而原料中的 SiO_2（通常为天然石英）则预先装入带有均匀分布小孔的黄金吊篮里,再将其悬挂在黄金衬套管上部的低温度区,同时在该吊篮底端悬挂 1～2 块籽晶片（见图 4.19）。把原料分开放置是因为:①原料中的 BeO 和 Al_2O_3 都非常活泼,如果不分开放置,BeO 和 SiO_2 会直接发生反应,生成硅铍石（Be_2SiO_4）,也叫作金绿宝石,从而

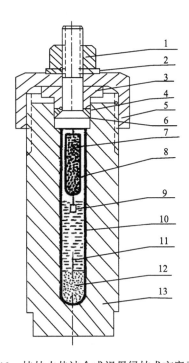

图 4.19　桂林水热法合成祖母绿技术方案示意图

1. 螺母;2. 垫圈;3. 压环;4. 密封圈;
5. 外螺帽;6. 密封塞;7. 石英原料;8. 黄金吊篮;
9. 籽晶片;10. "悬浮式"黄金衬套管;11. 矿化剂溶液;
12. BeO、Al_2O_3、Cr_2O_3 等;13. 高压釜釜体

使祖母绿晶体的生长停止。②分开放置可使含硅的营养物与其他成分保持一致,以抑制自发成核并将晶体生长限制在籽晶片上。

该技术方案与 Nassau（1976）描述的除 Tairus 外的大多数同行所采取的技术方案基本一致。在该技术方案中,底部溶解了 BeO、Al_2O_3 和 Cr_2O_3 等的饱和溶液通过扩散、对流（主要是温差对流）输运到籽晶片所在区域并转变为过饱和溶液;与此同时,上部溶解了 SiO_2 的饱和溶液也通过扩散、对流输运到籽晶

片所在区域并转变为过饱和溶液。于是这些来自底部和上部的营养物就在籽晶
片所在区域发生化学反应生成祖母绿，继而在籽晶片上结晶析出，使祖母绿晶
体不断长大。

在采取上述技术方案的情况下，桂林水热法合成祖母绿晶体的具体生长条件
如下。

（1）高压釜：Φ22 mm×250 mm 型外螺帽式自紧密封高压釜（图 3.1）。

（2）衬套管："悬浮式"黄金衬套管，其内壁尺寸为 Φ17.5 mm×235 mm。

（3）培养料：64.5%～67.0% SiO_2，16.8%～18.5% Al_2O_3，13.9%～15.3% BeO，
0.8%～2.2% Cr_2O_3。

（4）矿化剂水溶液：盐酸，浓度为 12 mol/L，考虑到天然祖母绿中含有 K、
Na 等碱金属元素，有时会添加微量 NaCl 和 KCl。

（5）籽晶片：取自天然绿柱石，切向与 c 轴的夹角 20°～40°，通常为 30°，
尺寸约 10～25 mm×6～13 mm。

（6）温度：585～625℃。

（7）温差：高压釜底部与顶部温差约 50℃。

（8）压力：400～450 MPa。

（9）生长周期：7～10 d。

在上述条件下，晶体生长速度约为 0.45～0.83 mm/d，最大生长速度可高达
1.15 mm/d（双边生长速度）；若按质量计算，一般为 1.05～1.87 ct/d，而最大者则
可达 8.27 ct/d。

根据相关资料，桂林水热法合成祖母绿可能是仅有的在压力超过 200 MPa 条
件下用水热法合成的祖母绿晶体（图 4.20，Schmetzer et al.，1997），这主要是因
为强酸性矿化剂热溶液（12 mol/L 的 HCl 溶液）可使水热溶解-结晶体系中的压力
大幅升高（最高压力可达 400～450 MPa），因而在一定程度上给祖母绿晶体生长
的实际工作带来了困难，对高压釜的设计和制造提出了更高的要求。另外，正如
2.3.7 节中所提到的，压力是影响晶体生长的一个重要因素，实验结果也证明适当
提高压力，晶体生长质量好，生长速度也较快。

4.3.2　桂林水热法合成祖母绿晶体的宝石学特征

1. 结晶学及宝石学特征

桂林水热法合成祖母绿晶体一般呈长或短的厚板状，或近六方柱状等比较规
则的晶形（图 4.21），其晶形与籽晶切向及其尺寸密切相关，详见下述。单个晶体
最重者可达 28.58 ct，一般质量为 11.56～22.06 ct，平均质量为 16.56 ct。

图 4.20　桂林水热法合成祖母绿刻面（Schmetzer et al.，1997）

图 4.21　桂林水热法合成祖母绿晶体，长厚板状（上）和六方柱状（下）

晶体上发育的晶面单形有：平行双面 $c\{0001\}$、第一六方柱面 $m\{10\overline{1}0\}$ 和第二六方柱面 $a\{11\overline{2}0\}$、六方双锥面 $p\{10\overline{1}2\}$ 等，但缺失天然祖母绿晶体中常常显露的六方双锥面 $s\{11\overline{2}1\}$、$o\{11\overline{2}2\}$ 等，恢复后的理想晶形如图 4.22 所示。此外，晶体中常显露 1~2 个波浪状的不平坦面，并与籽晶片平行，它们是在晶体生长过程中所产生的台阶状生长面，如图 4.23 所示。它们的消失与否或发育与否，取决于籽晶片与 c 轴夹角的大小和籽晶片的长宽比。由图 4.23 可见，样品 A—样品 H—样品 B，其籽晶片与 c 轴的夹角依次为 20°—20°—33°，而籽晶片的长宽比依次为 2.69—1.23—0.78；亦即随着 c 轴夹角的增大及其长宽比的变小，不平坦面的面积由大到小，直至消失；而与上述规律性变化相对应的新生晶体的外形则按长厚板状—短厚板状—近六方柱状的次序变化。

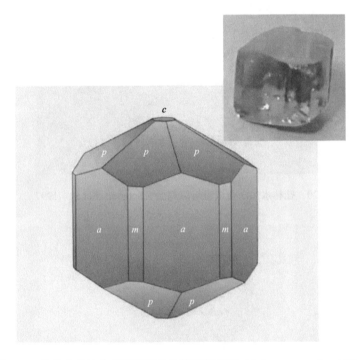

图 4.22　桂林水热法合成祖母绿晶体的理想晶形（Schmetzer et al.，1997）

桂林水热法合成祖母绿晶体与哥伦比亚天然祖母绿晶体的单晶定向 (200)、(400)、(600)、(800) 等晶面的 X 射线衍射峰完全相同（图 4.24，图 4.25），晶面间距 d 值也互相接近（在误差范围内），这些结果都表明桂林水热法合成祖母绿晶体的晶体结构与天然祖母绿晶体的晶体结构是完全一致的。

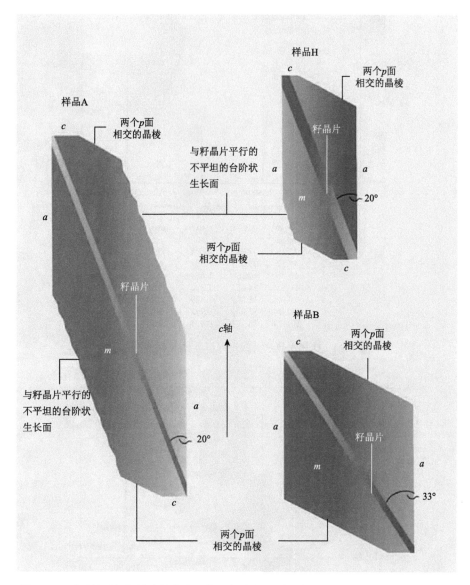

图 4.23　不平整面与籽晶片长宽比及与 c 轴夹角关系示意图（Schmetzer et al.，1997）

肉眼观察，晶体的透明度好，略带蓝色调的绿色（Cr_2O_3 含量较高）或翠绿色（Cr_2O_3 含量较低），颜色均匀，无明显色带。其宝石学特征如表 4.6 所列，折射率、相对密度与天然及其他人工合成祖母绿晶体的对比如表 4.7 所示。具体来说，折射率和相对密度的值与天然及其他人工合成的祖母绿相近，对紫外光辐射产生中等红色的荧光也表明桂林水热法合成祖母绿中不含有明显的 Fe。

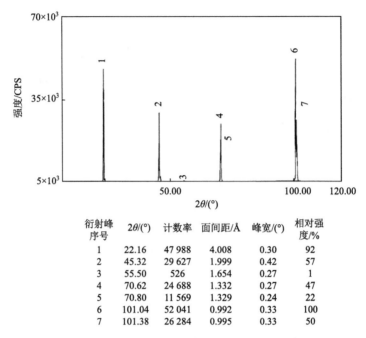

衍射峰序号	$2\theta/(°)$	计数率	面间距/Å	峰宽/(°)	相对强度/%
1	22.16	47 988	4.008	0.30	92
2	45.32	29 627	1.999	0.42	57
3	55.50	526	1.654	0.27	1
4	70.62	24 688	1.332	0.27	47
5	70.80	11 569	1.329	0.24	22
6	101.04	52 041	0.992	0.33	100
7	101.38	26 284	0.995	0.33	50

图 4.24 桂林水热法合成祖母绿晶体 X 射线衍射图

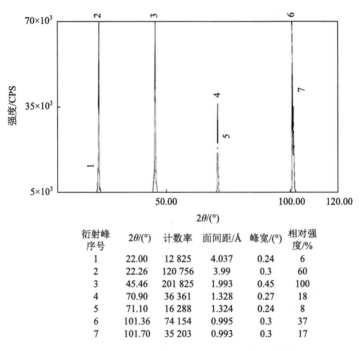

衍射峰序号	$2\theta/(°)$	计数率	面间距/Å	峰宽/(°)	相对强度/%
1	22.00	12 825	4.037	0.24	6
2	22.26	120 756	3.99	0.3	60
3	45.46	201 825	1.993	0.45	100
4	70.90	36 361	1.328	0.27	18
5	71.10	16 288	1.324	0.24	8
6	101.36	74 154	0.995	0.3	37
7	101.70	35 203	0.993	0.3	17

图 4.25 哥伦比亚天然祖母绿晶体 X 射线衍射图

表 4.6　桂林水热法合成祖母绿晶体的宝石学特征

参数	桂林水热法合成祖母绿晶体
颜色	稍带蓝的绿色
多色性	沿光轴方向：浅黄的绿色
	垂直光轴方向：浅蓝的绿色
折射率	$n_o = 1.577 \pm 0.001$
	$n_e = 1.571 \pm 0.001$
双折射率	0.006
相对密度	2.70 ± 0.01
紫外荧光	短波：中等红色
	长波：中等红色
查尔斯滤色镜	亮红色

表 4.7　祖母绿晶体折射率和相对密度对比表

祖母绿来源		折射率		相对密度
		n_o	n_e	
天然	Borbur（哥伦比亚）*	1.576	1.569	2.70
	Chivor（哥伦比亚）*	1.577 ± 0.003	1.571 ± 0.003	2.70 ± 0.01
	Muzo（哥伦比亚）*	1.586 ± 0.003	1.577 ± 0.003	2.71 ± 0.01
	巴西*	1.573 ± 0.002	1.568 ± 0.002	2.69 ± 0.01
	俄罗斯*	1.588 ± 0.003	1.579 ± 0.003	2.73 ± 0.02
	印度*	1.592 ± 0.002	1.585 ± 0.003	2.74 ± 0.02
	Sandwana（非洲）*	1.593	1.586	2.75 ± 0.02
人工合成	Chatham*	1.564 ± 0.001	1.561 ± 0.001	2.66
	Lechleitner*	1.581	1.575	2.71 ± 0.02
	Linde*	1.574 ± 0.004	1.569 ± 0.003	2.68 ± 0.01
	Gilson*	1.579	1.571	2.68 ± 0.01
	桂林水热法合成祖母绿	1.577 ± 0.001	1.571 ± 0.001	2.70 ± 0.01

注：* 数据引自《世界宝玉石专集》（下），原国家建材局咸阳非金属研究所宝玉石资料编译组（内部资料）。

2. 化学成分特征

桂林水热法合成祖母绿晶体的电子探针分析结果列于表 4.8。与天然祖母绿相比，桂林水热法合成祖母绿晶体化学成分有如下特点：①Al_2O_3 的含量（质量分数，下同）明显偏高，接近理论值，这也说明桂林水热法合成祖母绿结晶较完整，内部杂质少；②几乎不含碱金属 Na 和 K；③Cl 含量可高达 0.68%。据 Schmetzer 等（1997）的研究结果，全世界水热法合成祖母绿可被分为两类：第一类是含氯、但不含碱金属的水热法合成祖母绿，它们可再分为致色离子主要是 Cr，及 Cr 和 V 等两个亚类，前者除桂林水热法合成祖母绿外，还有 Linde 和 Regency 等水热法合成祖母绿，后者如 Biron、Pool 和 AGEE 等水热法合成祖母绿。第二类是不含氯、但含碱金属的水热法合成祖母绿，包括 Lechleitner 和 Tairus 等水热法合成祖母绿。

表 4.8　桂林水热法合成祖母绿与其他祖母绿的化学成分含量　　　（单位：%）

化学成分	$Be_3Al_2Si_6O_{18}$ 理论值[*]	桂林水热法合成祖母绿[**]	Gilson 助熔剂合成祖母绿[*]	津巴布韦天然祖母绿[*]
SiO_2	67.0	65.28	67.0	64.2
Al_2O_3	18.9	18.36	17.8	15.1
TiO_2	—	tr	—	—
FeO	—	tr	—	0.2
MgO	—	tr	0.1	0.4
MnO	—	tr	—	0.2
K_2O	—	tr	—	—
Na_2O	—	tr	0.1	2.4
Cr_2O_3	—	0.71	0.6	0.3
V_2O_5	—	tr	—	—
BeO	14.1	13.9[***]	14.0[***]	13.9[***]
H_2O	—	1.03[****]	—	2.0[****]
Cl	—	0.68	—	—
F	—	0.04	—	—
总计	100.0	100.0	99.6	98.7

注：[*] 数据引自《世界宝玉石专集》（下），原国家建材局咸阳非金属研究所宝玉石资料编译组（内部资料）；[**] 6 个样品的平均值；[***] 理论计算结果；[****] 经验估算值；tr 为痕量，0.01%~0.02%；—无相关数据。

3. 吸收光谱特征

1) UV-Vis 吸收光谱特征及颜色

在非偏振光下采用透射法测试了桂林水热法合成祖母绿刻面的 UV-Vis 吸收光谱，作为对比，同时也测试了 Tairus 水热法合成 A 型祖母绿刻面的 UV-Vis 吸收光谱（图 4.26）。2 个样品均显示了 Cr^{+3} 在 431 nm、601 nm、637 nm 处的宽吸收带，以及 681 nm/684 nm 双吸收峰。同时 2 个样品均未显示出 Ni 的吸收带，对比 Tairus 水热法合成的样品，桂林水热法合成祖母绿在 374 nm 处无 Fe 的吸收带，751 nm 处也无 Cu 的吸收带，再结合微量元素成分分析结果，证明 Cr 是桂林水热法合成祖母绿唯一的致色元素。

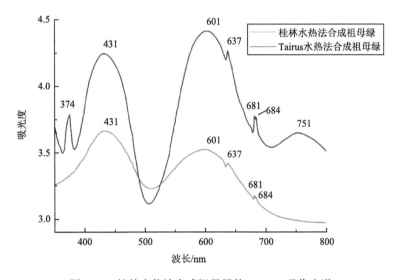

图 4.26　桂林水热法合成祖母绿的 UV-Vis 吸收光谱

2) 傅里叶变换红外吸收光谱特征

采用透射法测试了宝石刻面的傅里叶红外吸收光谱，2 个样品在 4000～3500 cm^{-1} 伸缩振动区都具有极强的吸光度，导致无法获取准确的红外吸收信息，为此需借助 5500～5000 cm^{-1} 合频振动区的特征吸收带来判明晶体隧道中的水。2 个样品在 5450 cm^{-1}、5275 cm^{-1} 和 5110 cm^{-1} 三处都出现了红外吸收带（图 4.27），其中 5450 cm^{-1} 和 5110 cm^{-1} 属Ⅰ型水的特征吸收，5275 cm^{-1} 属Ⅱ型水的特征吸收，据此可认为桂林水热法合成祖母绿同时含有Ⅰ型水和Ⅱ型水，符合低碱度天然祖母绿的红外吸收特征，这一结果与 Schmetzer 等（1997）、石国华（1999）等的研究结果也一致。

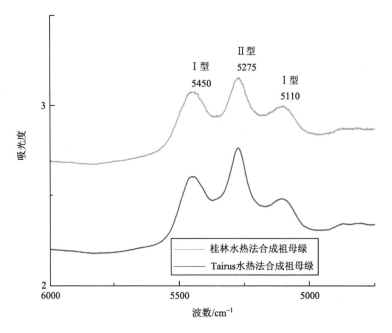

图 4.27　桂林水热法合成祖母绿中 I、II 型水的特征吸收

　　因此 I 型水和 II 型水的红外吸收特征不能够作为桂林水热法合成祖母绿的鉴定特征，而其中 II 型水的来源正是为了模仿天然祖母绿而在原料中有意添加极微量 NaCl 和 KCl 的结果。

　　进一步对比 2 个样品的傅里叶变换红外吸收光谱发现，桂林水热法合成祖母绿在 3000～2600 cm^{-1} 出现了一系列 Tairus 水热法合成祖母绿所没有的特征吸收带（图 4.28），分别位于 2981 cm^{-1}、2885 cm^{-1}、2815 cm^{-1}、2744 cm^{-1} 和 2628 cm^{-1} 处，其中 2885 cm^{-1}、2815 cm^{-1}、2744 cm^{-1} 的吸收带较为尖锐，而 2981 cm^{-1} 与 2628 cm^{-1} 处的吸收带则较宽。这一系列特征吸收带在天然祖母绿及助熔剂法合成的祖母绿中都没有被发现过，但与同样是在含 Cl$^-$ 的溶液中生长的 Biron 水热法合成祖母绿一致（Schmetzer et al., 1997），因此这一系列特征吸收带可作为在含 Cl$^-$ 的溶液中生长的水热法合成祖母绿所共同的具有诊断性的鉴定特征。

　　考虑到桂林水热法合成祖母绿是在含 Cl$^-$ 的酸性溶液中生长的，这一生长环境与 Linde、Regency、Biron 等厂商的相似，因此 Cl$^-$ 很有可能会进入到祖母绿晶体的隧道，从而导致在 3000～2600 cm^{-1} 之间出现一系列与 Cl$^-$ 有关的特征吸收带，Mashkovtsev 等（2004）进一步认为 Cl$^-$ 是以 2 个 HCl 分子组合并且排列成 L 形进入隧道的（图 4.29）。

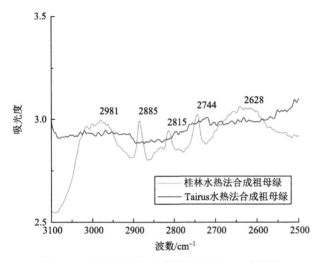

图 4.28　桂林水热法合成祖母绿中与 Cl⁻有关的
特征吸收带

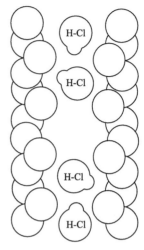

图 4.29　H-Cl 在祖母绿隧道中的
存在形式
（Mashkovtsev et al.，2004）

4. 包裹体等内含物特征

在桂林水热法合成祖母绿晶体中主要存在三种类型的包裹体：①孤立出现的、被拉长的锥状包裹体，其长轴平行于籽晶的 c 轴。锥体本身填充了液体或液体和气体（亦即液相或气液两相包裹体），而锥体的头部则存在细小的绿柱石晶体（正交偏光镜下观察，其折射率与祖母绿主体接近），它们直接与籽晶的生长面相接触（图 4.30）。②成群出现的、被延长的锥状包裹体，其长轴也与籽晶的 c 轴平行。钉头由许多细小的金绿宝石晶体（折射率高于祖母绿主体）构成，它们也与籽晶的生长面直接接触；锥体中也填充了液体或液体和气体（图 4.31）。③被拉长的针管状液相或气液两相包裹体，其长轴几乎垂直于籽晶或新生祖母绿晶体的生长面（其夹角为 80°～85°），亦即斜交于籽晶的 c 轴（图 4.32）。该类包裹体常常与上述第二类包裹体共生，且各自位于其分界线的两边，而针管状包裹体的一端则与由细小的金绿宝石晶体所构成的钉头相接触。

除上述三类包裹体而外，还偶见细小的羽状液体包裹体。

由于桂林水热法合成祖母绿采用的籽晶切向与 Tairus 水热法合成的祖母绿有重叠，因此桂林水热法合成祖母绿中也有类似的生长纹（图 4.33），图中黄色条带为籽晶片，水波状的生长纹与籽晶片平行。但如果籽晶片与 c 轴的夹角超过 35°时，生长纹将变得不明显，类似的情况在 Tairus 水热法合成祖母绿中也有出现，如籽晶片切向平行于 $\{11\bar{2}1\}$ 时。

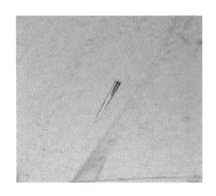 

图 4.30　第一类包裹体（Schmetzer et al.,　　图 4.31　第二类包裹体（Schmetzer et al.，1997）
　　　　　1997）

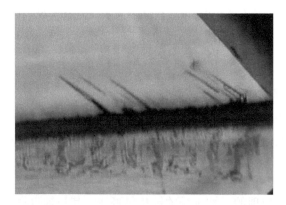

图 4.32　第三类包裹体（Schmetzer et al.，1997）

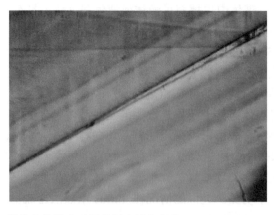

图 4.33　桂林水热法合成祖母绿中的生长纹（Schmetzer et al.，1997）

5. 桂林水热法合成祖母绿的鉴定特征

天然祖母绿、助熔剂法和水热法合成祖母绿等晶体的鉴定特征如表 4.9 所列，水热法合成祖母绿晶体的鉴定特征如表 4.10 所列。从表 4.9 中可见，水热法合成祖母绿含有硅铍石（有的含金绿宝石和绿柱石）和不含钾等特征与天然祖母绿和助熔剂法合成祖母绿区别开来。由表 4.10 可见，全世界的水热法合成祖母绿之间可根据包裹体和紫外荧光等特征而相互鉴别开来，至于桂林水热法合成祖母绿的鉴别特征请详见下述。

表 4.9　天然祖母绿、助熔剂法和水热法合成祖母绿晶体的鉴定特征（张蓓莉，2006）

<table>
<tr><td colspan="2">种类
性质</td><td>助熔剂法合成祖母绿</td><td>水热法合成祖母绿</td><td>天然祖母绿</td></tr>
<tr><td colspan="2">相对密度</td><td>2.65～2.67</td><td>2.67～2.69</td><td>2.69～2.74</td></tr>
<tr><td rowspan="2">折射率</td><td>n_o</td><td>1.563～1.566</td><td>1.571～1.578</td><td>1.570～1.593</td></tr>
<tr><td>n_e</td><td>1.560～1.563</td><td>1.566～1.576</td><td>1.565～1.586</td></tr>
<tr><td colspan="2">双折射率</td><td>0.003～0.005</td><td>0.005～0.006</td><td>0.005～0.009</td></tr>
<tr><td colspan="2">内部特征</td><td>硅铍石、铂片、弯曲的脉状裂隙、两相包裹体</td><td>硅铍石、细小的两相包裹体</td><td>云母、透闪石、阳起石、黄铁矿、方解石、三相包裹体</td></tr>
<tr><td colspan="2">结构水</td><td>无</td><td>只含Ⅰ型水，
或同时含Ⅰ型和Ⅱ型水</td><td>含Ⅰ型和Ⅱ型水（低碱），
或只含Ⅱ型水（高碱）</td></tr>
<tr><td colspan="2">钾含量</td><td>可变</td><td>有或无</td><td>可变</td></tr>
<tr><td colspan="2">傅里叶变换
红外吸收光谱</td><td>无水吸收带</td><td>有水吸收带</td><td>有水吸收带</td></tr>
</table>

表 4.10　水热法合成祖母绿晶体的鉴定特征

品种	紫外荧光	包裹体	其他特征	生长纹与 c 轴夹角
Lechleitner	红色	籽晶，交叉裂隙	浸油中可见分层，正交偏光波状消光	30°
Linde	强红色	气体及羽状二相气液包裹体，平行钉状或针状包裹体，硅铍石等	只含Ⅰ型水，含Cl⁻	36°～38°
Pool	弱—无	云翳状窗纱状包裹体	只含Ⅰ型水，含Cl⁻	22°～23°
中国桂林	亮红色	二相或三相钉状包裹体，有时单个出现，主要成群出现，金绿宝石和绿柱石等细小晶体	含Ⅰ型和Ⅱ型水，及Cl⁻	20°～40°
Biron	强红色	二相钉状包裹体、硅铍石晶体，白色彗星状、串珠状微粒助溶剂羽状包裹体和暗色金属包裹体	只含Ⅰ型水，含Cl⁻	32°～40°
Tairus	弱红色	无数细小的棕色微粒，呈云雾状	含Ⅰ和Ⅱ型水	30°～32° 或43°～47°

桂林水热法合成祖母绿最具实际意义的鉴定特征包括：

(1)桂林水热法合成祖母绿含氯离子、但不含碱金属离子，在 3000～2600 cm^{-1} 之间出现一系列与 Cl$^-$有关的特征吸收带，这些与 Cl$^-$有关的红外吸收带是桂林水热法合成祖母绿具有诊断性意义的鉴定特征，以此区别于其他不含氯的水热法合成祖母绿以及天然祖母绿。

(2)被拉长的单相（液体）或两相（液体和气体）包裹体的一端有许多细小的金绿宝石晶体或细小的绿柱石晶体（构成锥状或钉状包裹体的头部）。而细小的金绿宝石包裹体除桂林水热法合成祖母绿外，也只有在 Biron 水热法合成祖母绿中被见到。以此可将桂林水热法合成祖母绿与 Linde、Pool、Lechleitner、Tairus 等水热法合成祖母绿以及天然祖母绿鉴别开来。

参 考 文 献

石国华，1999. 桂林水热法合成祖母绿红外光谱特性及其意义[J]. 宝石和宝石学杂志，1（1）：40-46.

张蓓莉，2006. 系统宝石学[M]. 2 版. 北京：地质出版社.

Koivula J I, Kammerling R C, DeGhionno D, et al., 1996. Gemological investigation of a new type of Russian hydrothermal synthetic emerald[J]. Journal of Gems & Gemology, 31（1），32-39.

Mashkovtsev R I, Smirnov S I, 2004. The nature of channel constituents in hydrothermal synthetic emerald[J]. The Journal of Gemmology, 29（3）：129-141.

Nassau K, 1976. Synthetic emarald: The confusing history and the current technologies[J]. Journal of Crystal Growth, 35（2）：211-222.

Nassau K, 1990. Synthetic gem materials in the 1980s[J]. Journal of Gems & Gemology, 26（1）：50-63.

Schmetzer K, 1988. Characterization of Russian hydrothermally-grown synthetic emeralds[J]. The Journal of Gemmology, 21（3）：145-164.

Schmetzer K, 1996. Growth method and growth-related properties of a new type of Russian hydrothermal synthetic emerald[J]. Journal of Gems & Gemology, 32（1）：40-43.

Schmetzer K, Kiefert L, Bernhardt H J, et al., 1997. Characterization of Chinese hydrothermal synthetic emerald[J]. Journal of Gems & Gemology, 33（4）：276-291.

Schmetzer K, Schwarz D, Bernhardt H J, et al., 2006. A new type of Tairus hydrothermally grown synthetic emerald, colored by vanadium and copper[J]. The Journal of Gemmology, 30（1/2）：59-74.

Sosso F, Piacenza B, 1995. Russian hydrothermal synthetic emeralds: Characterization of the inclusion[J]. The Journal of Gemmology, 24（7）：501-507.

Stockton C M, 1984. The chemical distinction of natural from synthetic emeralds[J]. Journal of Gems & Gemology, 20（3）：141-145.

第5章 合成彩色刚玉宝石晶体的水热法生长和宝石学特征

5.1 概 述

彩色刚玉宝石晶体包括红宝石和除红宝石外各种颜色的蓝宝石，它们都是公认的名贵宝石。同时，红宝石不仅是七月生辰石，而且还被人们誉为"爱情之石"；而蓝色蓝宝石则既是九月生辰石，又是忠诚和德高望重的象征。因此，它们历来备受人们的喜爱。

在自然界，红宝石和蓝宝石的成因主要有两种：①在地幔高温高压条件下的基性岩浆中形成，并随岩浆喷出地表，如泰国、澳大利亚、中国山东、美国等国家和地区的红宝石和蓝宝石；②在接触-交代作用过程中形成，如缅甸、克什米尔、中国安徽等国家和地区地的红宝石和蓝宝石。其中，缅甸、斯里兰卡、泰国、越南、柬埔寨是世界上优质红宝石和蓝宝石最重要的供应国，其他产出国还有中国、澳大利亚、美国、坦桑尼亚等。

刚玉在自然界中虽是一种比较常见的矿物，但宝石级，特别是质优粒大的彩色刚玉宝石晶体却十分稀少。例如，重 10 ct 或 10 ct 以上的天然优质红宝石晶体，在全球的年产出数量不会超过 5 颗（周国平，1989）。因此，优质红宝石，特别是质优粒大的红宝石晶体及刻面饰品总是供不应求，价格不仅昂贵，而且年年上涨，其涨幅在 5%～10%。因此，人工合成彩色刚玉宝石晶体的研究开发，历来就受到人们的重视和关注。

目前在国际珠宝首饰市场上出售的人工合成彩色刚玉宝石晶体及饰品，主要是采用焰熔法、助熔剂法和水热法生长出来的红宝石和蓝宝石晶体及刻面饰品，而采用助熔剂法和水热法生长的则比焰熔法生长的价格要高得多。其中，因水热法合成的红宝石晶体在宝石学特征等方面更类似于天然红宝石晶体，故其产品在市场上更受人们青睐，因而水热法合成红宝石、蓝宝石晶体生长的研究引起了人们更多的兴趣和关注。

水热法合成彩色刚玉宝石晶体的研究开发大体上可分为三个阶段：①实验研究阶段：Laudise 等（1958）首次在 $Al_2O_3\text{-}Na_2CO_3\text{-}H_2O$ 体系中成功地生长出了无色蓝宝石晶体，标志着水热法合成彩色刚玉宝石晶体的生长进入了实验研究阶段。②开发研究阶段：Kuznetsov 等（1967）在 Laudise 等的基础上进行改进，用 $NaHCO_3 + KHCO_3$ 的混合矿化剂溶液成功地生长出了红宝石晶体，但直到 20 世纪 80 年代末，苏联科学院西伯利亚分院下属的晶体研究所才在真正意义上完成了水热法合成红宝石晶体生长技术的开发研究，其技术工艺成熟、稳定。③商业生产阶段：1993 年 Tairus 公司开始在国际市场上批量地销售该公司生产的水热法合成红宝石晶体及刻面饰品，从此水热法合成红宝石晶体就进入到了商业生产阶段。1995 年，Tairus 公司又开始在国际上批量地销售掺入 Ni^{2+}、Ni^{3+} 和 Cr^{3+} 致色的水热法黄色、绿色、橙色、蓝紫色和蓝色的蓝宝石晶体及刻面饰品。

20 世纪 90 年代桂林院也陆续开展了水热法合成红宝石、蓝宝石晶体的研究开发，自行设计研制了 $\Phi38\,mm \times 700\,mm$、$\Phi42\,mm \times 750\,mm$、$\Phi60\,mm \times 1100\,mm$ 等一系列高压釜，先后完成了红、蓝、黄三个颜色系列的水热法合成彩色刚玉宝石晶体的研发及市场推广。

5.2　天然及合成彩色刚玉宝石晶体的品种分类及其致色成因

宝石学术界把天然及合成的彩色刚玉宝石分成两类：①红宝石，即红色的刚玉宝石，包括红色、橙红色、紫红色、褐红色的刚玉宝石；②蓝宝石，除去红宝石外的所有刚玉宝石，包括蓝色、蓝绿色、绿色、黄色、橙色、粉色、紫色、灰色、黑色和无色等颜色刚玉宝石。

天然彩色刚玉宝石晶体的致色离子和颜色品种的关系可用图 5.1 表示。在图 5.1 中，致色离子 Cr^{3+}、Fe^{3+} 和 $Fe^{2+}/Ti^{4+} + Fe^{2+}/Fe^{3+}$ 分别居于三角形的顶角、左边角和右边角的角顶，其对应的彩色刚玉宝石的颜色分别是红色和粉红色、

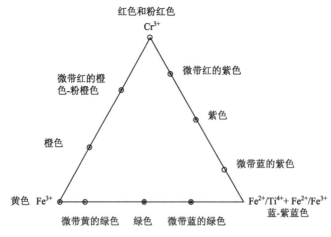

图 5.1　天然彩色刚玉宝石的颜色与致色离子之间的关系

黄色、蓝-紫蓝色等。而三角形的三条边,即 Cr^{3+}—Fe^{3+}、Cr^{3+}—$Fe^{2+}/Ti^{4+}+Fe^{2+}/Fe^{3+}$ 和 Fe^{3+}—$Fe^{2+}/Ti^{4+}+Fe^{2+}/Fe^{3+}$,则分别表示因致色离子相对含量的规律性变化而产生的三个颜色系列:①沿着三角形的 Cr^{3+}—Fe^{3+} 边,其颜色变化的序列是:红色和粉红色—微带红的橙色-粉橙色—橙色—黄色(Fe^{3+} 含量随着 Cr^{3+} 含量的降低而同步提高);②沿着 Cr^{3+}—$Fe^{2+}/Ti^{4+}+Fe^{2+}/Fe^{3+}$ 边,其颜色变化的序列是:红色和粉红色—微带红的紫色—紫色—微带蓝的紫色—蓝-紫蓝色等($Fe^{2+}/Ti^{4+}+Fe^{2+}/Fe^{3+}$ 含量随着 Cr^{3+} 含量的降低而同步提高);③沿着 Fe^{3+}—$Fe^{2+}/Ti^{4+}+Fe^{2+}/Fe^{3+}$ 边,当 $Fe^{2+}/Ti^{4+}+Fe^{2+}/Fe^{3+}$ 含量随着 Fe^{3+} 含量降低而同步提高时,出现黄色—微带黄的绿色—绿色—微带蓝的绿色—蓝-紫蓝色的变化序列。显然,在该三角形范围之内也可出现颜色变化的许多序列。

但在消费者的传统观念上,天然红宝石的颜色被限制在一狭小的红色范围内,而天然蓝宝石则是专指蓝色系列的蓝宝石,如浅至深蓝色、带紫色的蓝色、"矢车菊"蓝色等颜色的蓝宝石。

正是自然界复杂多变的地质环境造就了天然彩色刚玉宝石颜色的丰富多样,特别是红宝石中高 Cr^{3+} 含量(2%~3%)的"鸽血红",以及蓝宝石中 Fe^{2+}/Ti^{4+} 致色的"矢车菊"蓝等受人喜爱的名贵色调。受当今技术条件的限制,人们还无法完全模拟出自然界的环境,人工合成的红宝石晶体中 Cr^{3+} 含量一直受到限制,Fe、Ti 的难以掺入也导致 Fe^{2+}/Ti^{4+} 致色的蓝宝石无法取得突破。目前人工合成的彩色刚玉宝石晶体的颜色主要是通过改变 Ni^{2+}、Ni^{3+} 和 Cr^{3+} 等致色离子的掺入量及其不同价态离子的量比来取得,其相互关系如图 5.2 所示。

与图 5.1 相类似,在图 5.2 中:①沿 Cr^{3+}—Ni^{2+} 边,当单掺时,该系列将分别由 Cr^{3+} 致色而呈现的红色(或粉红色)以及由 Ni^{2+} 致色而呈现的蓝色构成两个端元颜色,而与之相对应的则分别是红宝石和蓝色蓝宝石;当双掺时,则呈现出红色与蓝色之间的过渡颜色,并随着 Cr^{3+} 掺入量的降低和 Ni^{2+} 掺入量的升高而依次形成微带红的紫色、紫色、微带蓝的紫色和蓝紫色等的蓝宝石晶体。②沿 Cr^{3+}—Ni^{3+} 边,该系列将分别由 Cr^{3+} 致色而呈现的红色(或粉红色)以及由 Ni^{3+} 致色而呈现的黄色构成两个端元颜色,而与之相对应的则分别是红宝石和黄色蓝宝石(俗称黄宝石);当双掺时,则呈现出红色与黄色之间的过渡颜色,并随着 Cr^{3+} 掺入量的降低和 Ni^{3+} 掺入量的升高而依次形成微带红的橙色-粉橙色、橙色等具有过渡颜色的刚玉宝石晶体。③沿 Ni^{3+}—Ni^{2+} 边,在黄色与蓝色之间,随着 Ni^{2+}/Ni^{3+} 比值的变大,依次出现微带黄的绿色、绿色、微带蓝的绿色、绿-蓝色等具有过渡颜色的刚玉宝石品种。显而易见,当进行三掺并改变 Ni^{2+}、Ni^{3+} 和 Cr^{3+} 等致色离子的掺入量及其它们之间的量比时,那么在图 5.2 三角形之内亦可出现许多的颜色变化序列。

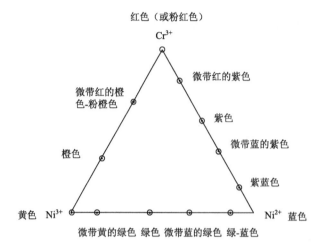

红色（或粉红色）

图 5.2　合成彩色刚玉宝石的致色离子与颜色之间的关系

5.3　Tairus 水热法合成彩色刚玉宝石晶体及其宝石学特征

Peretti 等（1993，1994）于 1993 年首次报道了 Tairus 水热法合成红宝石（图 5.3）出现在国际珠宝市场上，1995 年 Tairus 又向市场推出了 Ni 和 Cr 掺质致色的蓝色、黄色、橙色、绿色以及蓝紫色的蓝宝石（图 5.4，Thomas et al.，1997）。与水热法合成祖母绿一样，如今 Tairus 水热法合成彩色刚玉宝石在国际珠宝市场上也是占据垄断地位。

图 5.3　Tairus 水热法合成红宝石（Koivula et al.，2000）

图 5.4　Tairus 水热法合成蓝宝石（Thomas et al.，1997）

5.3.1　Tairus 合成彩色刚玉宝石晶体的水热法生长

　　和 Tairus 水热法合成祖母绿一样，外界对 Tairus 水热法合成彩色刚玉宝石晶体的技术条件及工艺同样知之甚少，只能根据水热法晶体生长的原理和少量已公开的资料大体推测出其水热法生长的条件。

　　（1）高压釜：内螺纹式自紧密封的高压釜，反应腔尺寸为 $\Phi 30 \sim 40~\text{mm} \times 500~\text{mm}$（Peretti et al.，1997）、$\Phi 80~\text{mm} \times 600~\text{mm}$ 等。图 5.5 为 Tairus 用于水热法合成彩色刚玉宝石的高压釜。

　　（2）衬套管：“悬浮式”黄金衬套管，内体积约 175 mL（注：原文如此，该数值明显偏小）。也有不使用贵金属衬套管的（Peretti et al.，1997）。

　　（3）温度和压力：温度为 600℃，温差为 60～70℃，压力为 200 MPa。

　　（4）矿化剂溶液：具有复杂成分的碳酸盐溶液，具体配方保密。

　　（5）籽晶及切向：从提拉法生长的无色蓝宝石晶体上切取，切向平行于六方柱面 $m\{10\bar{1}0\}$。也有切向为负菱面体 $-r\{01\bar{1}1\}$ 的（Schmetzer et al.，1999）。

（6）培养料：提拉法或焰熔法合成的无色刚玉晶体的碎粒。

（7）致色剂：Cr_2O_3、NiO、$NiO + Cr_2O_3$ 等。

（8）氧化-还原缓冲剂：Cu-Cu_2O 或 Cu_2O-CuO 等。

（9）晶体生长速度：接近 0.15 mm/d。

（10）晶体生长周期：30 d。

（11）晶体大致尺寸：7 cm×2.5 cm×2 cm。

注：上述条件中除标注外，其余均引自文献 Thomas 等（1997）。

图 5.5　Tairus 用于水热法合成彩色刚玉宝石的高压釜（Peretti et al.，1997）

　　根据图 5.6 的示意，致色剂是预先装入一开有小孔的黄金小囊中，晶体生长系统中 Ni 和 Cr 的浓度是由这些小囊的开孔直径来控制的，从而控制晶体的颜色。另外，氧化-还原缓冲剂在水热法彩色刚玉宝石晶体的生长过程中起着重要作用，它是一种粉末状试剂，放置在"悬浮式"黄金衬套管的底部。这种物质控制着溶液中 Ni 的价态，因此可以生长出含不同 Ni^{2+}：Ni^{3+} 的蓝宝石，使晶体产生不同的颜色（表 5.1）。

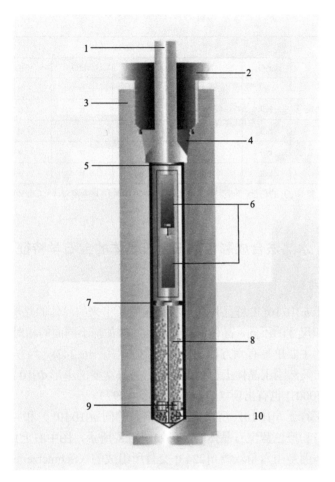

图 5.6　Tairus 水热法合成刚玉宝石示意图（Thomas et al.，1997）

1.密封塞；2.密封内螺母；3.釜体；4.密封环；5."悬浮式"黄金衬套管；6.籽晶片；
7.挡板；8.无色刚玉晶体碎块；9.装有 Ni、Cr 氧化物的黄金小囊；10.氧化-还原缓冲剂

表 5.1　Tairus 水热法合成蓝宝石的颜色及其部分化学组成（Thomas et al.，1997）

样品	颜色	质量分数/%					氧化-还原缓冲剂
		Cr_2O_3	NiO	FeO	MnO	TiO_2	
1	带绿色的蓝色	bdl	0.23	tr	tr	tr	Cu-Cu$_2$O
2	带绿色的蓝色	0.15	0.24	tr	tr	tr	Cu-Cu$_2$O
3	带绿色的蓝色	0.26	0.34	tr	tr	tr	Cu-Cu$_2$O
4	带浅红色的紫色	0.07	0.04	tr	tr	tr	Cu-Cu$_2$O
5	粉红色	0.07	bdl	tr	tr	tr	Cu-Cu$_2$O
6	Padparadscha	0.08	bdl	tr	tr	tr	PbO-Pb$_3$O$_4$

续表

样品	颜色	质量分数/%					氧化-还原缓冲剂
		Cr$_2$O$_3$	NiO	FeO	MnO	TiO$_2$	
7	黄色	tr	tr	tr	tr	tr	PbO-Pb$_3$O$_4$
8	带浅绿色的黄色	bdl	tr	tr	tr	tr	Cu-Cu$_2$O
9	绿色	bdl	0.35	tr	tr	tr	Cu$_2$O-CuO
10	蓝绿色	bdl	0.23	tr	tr	tr	未控制
11	无色	bdl	bdl	tr	tr	tr	未控制

注：NiO 为 NiO 和 Ni$_2$O$_3$ 的总量；bdl 为低于检测极限（＜0.01%）；tr 为痕量（＜0.02%）；7 号样品的黄色为辐照所产生。

5.3.2　Tairus 水热法合成彩色刚玉宝石晶体的宝石学特征

1. 结晶学特征

采用平行于 $m\{10\bar10\}$ 的籽晶片和点状籽晶生长出来的晶体的晶形如图 5.7 所示，由于晶体取向和尺寸的不同，晶体的整体形状（例如，不同面的相对尺寸）被扭曲。新生长的晶体的主要单形有六方柱 $a\{11\bar20\}$、六方双锥 $n\{22\bar43\}$、六方菱面体 $r\{10\bar11\}$ 等，上述单形在天然刚玉晶体上也是常见的。另外次要的单形 $\Phi\{10\bar14\}$、$d\{10\bar12\}$，$\theta\{0.1.\bar1.11\}$ 和 $c\{0001\}$ 也有出现（Thomas et al.，1997）。

分别采用平行于 $b\{10\bar10\}$（注：该晶面指数等同 $m\{10\bar10\}$）和 $-r\{10\bar11\}$ 的籽晶片生长的红宝石和橙色蓝宝石晶体的晶形如图 5.8 所示，图中右上角显示的平行于籽晶片的不平坦面是由六角双锥 $n\{22\bar43\}$ 交替所组成的（Schmetzer et al.，1999）。

图 5.7　切向平行于 m 面的籽晶片和点状籽晶生长的蓝宝石晶体的晶形（Thomas et al.，1997）

2. 吸收光谱和颜色特征

1）紫外-可见光吸收光谱特征

掺 Cr 致色的 Tairus 水热法合成红宝石的紫外-可见光吸收光谱见图 5.9。

图 5.8 *b* 面和 −*r* 面的籽晶片生长出的红宝石和蓝宝石晶体的晶形（Schmetzer et al.，1999）

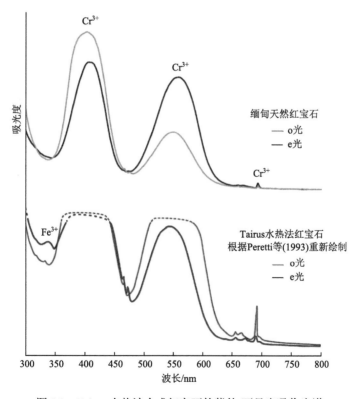

图 5.9 Tairus 水热法合成红宝石的紫外-可见光吸收光谱

UV-Vis 吸收光谱显示 Cr^{3+} 的两个宽吸收带分别集中在 400 nm 和 550 nm 附近，与天然红宝石比较尖锐的吸收峰对比可以发现，Tairus 水热法合成红宝石这两个吸收带更宽。并且在 330 nm 和 345 nm 之间还突出了一个 Fe^{3+} 的吸收峰，而这在天然和其他方法合成的对应物中一般不常见。

分别掺 Ni^{2+} 和 Ni^{2+}-Ni^{3+} 而呈现带绿色的蓝色和绿色的水热法合成蓝宝石晶体，其紫外-可见光吸收光谱如图 5.10 所示。图 5.10a 表示掺 Ni^{2+} 的、带绿色的蓝色的水热法合成蓝宝石晶体的吸收光谱，它包含有三个强吸收带（分别处在 377 nm、599 nm、970 nm 处）和两个弱吸收带（分别位于 435 nm 和 556 nm 处）。在偏振光中，每个强吸收带又被分解为两个吸收带，它们分别是 370 mm 和 385 nm、598 nm 和 613 nm 以及 950 mm 和 990 nm（最后两个波段在图中未显示，但被分光光度计检测到）。图 5.10b 表示的是掺 Ni^{2+}-Ni^{3+} 的、绿色的水热法合成蓝宝石晶体（Ni^{3+}/Ni^{2+} 比值较大，体系中的氧化能力较强）的吸收光谱，它类似于图 5.10a，但在 380 nm 和 420 nm 之间具有强吸收，并向紫外急剧增加；图 5.10c 表示的是从图 5.10b 光谱中减去图 5.10a 中光谱所得到的光谱，即表示的是只掺入 Ni^{3+} 的黄色蓝宝石晶体。

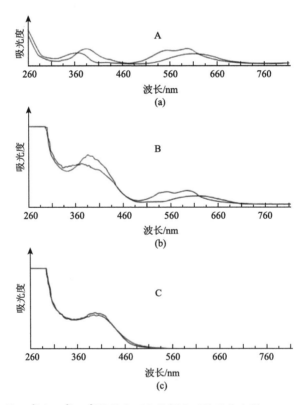

图 5.10　Tairus 掺 Ni^{2+} 和 Ni^{2+}-Ni^{3+} 的蓝宝石在偏振光下的吸收光谱（Thomas et al.，1997）

图中蓝线表示平行 c 轴的偏振光，红线表示垂直 c 轴的振偏光

在图 5.11 中，表示的是掺入 Ni^{2+}（A）和掺入 Ni^{2+}-Cr^{3+}（B）等带绿色的蓝色蓝宝石晶体以及焰熔法生长的掺 Fe^{2+}-Ti^{4+}（C）的蓝色蓝宝石晶体的紫外-可见光吸收光谱。从图 5.11 中可以看出，带绿色的蓝色蓝宝石晶体的吸收光谱是分别掺 Cr^{3+} 和掺 Ni^{2+} 的晶体的吸收光谱的简单叠加的结果，并类似于红宝石晶体的吸收光谱，但完全不同于 C 的吸收光谱，而 C 的吸收光谱则与天然蓝色蓝宝石晶体（因 Fe^{2+}-Ti^{4+} 之间的电荷转移而呈现蓝色）的吸收光谱是类似的。

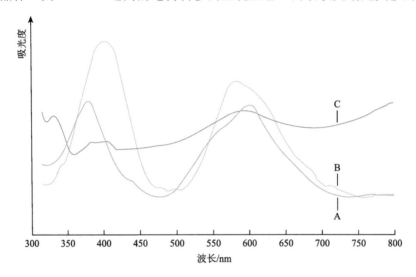

图 5.11 Tairus 掺 Ni^{2+}、Ni^{2+}-Cr^{3+} 以及焰熔法掺 Fe^{2+}-Ti^{4+} 的晶体在非偏振光下的吸收光谱
（Thomas et al.，1997）

2）傅里叶变换红外吸收光谱

Tairus 水热法合成的掺 Cr 致色的红宝石，以及掺 Cr-Ni 致色的蓝宝石的傅里叶变换红外吸收光谱分别见图 5.12 和图 5.13。

图 5.12 中，与刚玉的正常红外光谱相比，Tairus 水热法合成红宝石在 3600～3000 cm^{-1} 之间出现了额外的锐线，其中最强的峰位于 3561 cm^{-1}、3483 cm^{-1}、3382 cm^{-1}、3305 cm^{-1}、3235 cm^{-1} 以及 3191 cm^{-1} 处，这也与最近的研究报道相符（Bidny et al.，2010）。这些强吸收峰是与 Tairus 水热法合成红宝石晶体中的—OH 基团振动吸收相对应的，今天人们普遍认为是水以—OH 基团的形式作为电荷补偿进入到刚玉晶体的结构中，但上述强吸收峰（带）在天然刚玉的光谱中不那么明显。尽管天然刚玉红外光谱中的含水成分和水因样品而异，并且取决于刚玉结构中掺入的—OH、含水天然包裹体和愈合裂隙，但它们在模式上与 Tairus 水热法的光谱明显不同。其他合成方法如焰熔法、提拉法、助熔剂法等不含水，因此傅里叶变换红外吸收光谱中不存在上述强吸收峰。

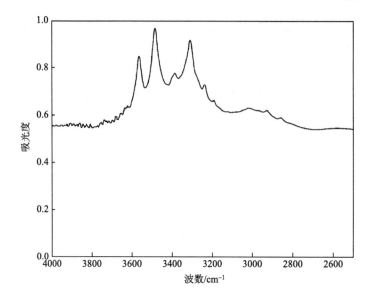

图 5.12　Tairus 水热法合成红宝石傅里叶变换红外吸收光谱（Peretti et al.，1994）

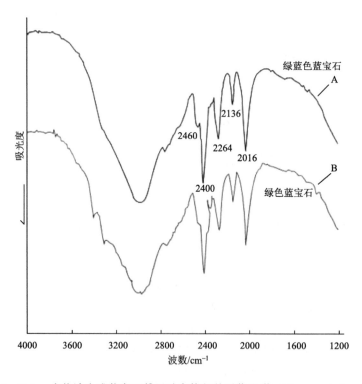

图 5.13　Tairus 水热法合成蓝宝石傅里叶变换红外吸收光谱（Thomas et al.，1997）

注意其纵坐标的箭头方向，由下至上是递减关系

在 Tairus 水热法合成的蓝宝石中同样也观察到了位于 3600~3000 cm^{-1} 类似的强吸收峰（Thomas et al.，1997）。图 5.13 显示的是额外发现的强吸收峰（带），这些强吸收峰（带）分布在 2500~2000 cm^{-1}，分别位于 2460 cm^{-1}、2400 cm^{-1}、2264 cm^{-1}、2136 cm^{-1} 和 2016 cm^{-1} 处。通常 2000 cm^{-1} 附近的吸收峰与—OH 无关。由于 Tairus 水热法合成的晶体是在成分复杂的碳酸盐溶液中生长，很可能会在生长的晶体中掺入了 CO、CO$_2$ 和其他形式的碳氧化物，因此 2460 cm^{-1}、2400 cm^{-1}、2264 cm^{-1}、2136 cm^{-1} 和 2016 cm^{-1} 处的吸收峰（带）可能与掺入到蓝宝石晶体中的不同碳氧化物中的 C—O 键有关，这表明这些 C—O 键是刚玉结构的一部分（例如以电荷补偿的形式进入到晶体中），而不是由单独的碳氧化物（例如流体包裹体中的 CO 或 CO$_2$）引起的，因为 CO 或 CO$_2$ 的吸收特征与此不相符。

　　3）颜色特征

将宝石晶体的紫外-可见光吸收光谱通过计算并转换为 CIE 色度学系统的颜色坐标，不仅使我们能够描述这些合成蓝宝石的颜色，而且还可以将它们与天然蓝宝石和其他合成蓝宝石进行定量比较。Tairus 水热法合成的红宝石、蓝宝石晶体的 CIE 色度图见图 5.14。

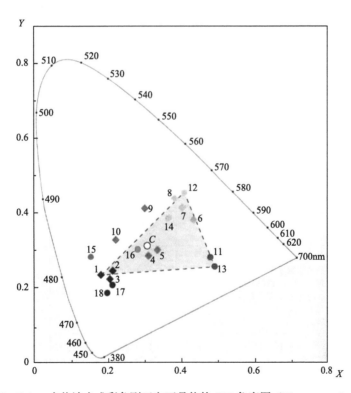

图 5.14　Tairus 水热法合成彩色刚玉宝石晶体的 CIE 色度图（Thomas et al.，1997）

　　图中菱形的点是 Tairus 的水热法合成的蓝宝石，标号 1～10 分别对应于表 5.1 中的样品编号。圆形的点表示的是天然和其他方法合成的蓝宝石，其中：11 代表水热法生长的红宝石；12 是由图 5.10c 中假设的黄色蓝宝石的吸收光谱计算得出；13 代表焰熔法合成的红宝石；14 代表产自俄罗斯乌拉尔山脉的黄色蓝宝石；15 代表产于澳大利亚的带绿色的蓝色蓝宝石；16 代表产自俄罗斯乌拉尔山脉的带淡绿色的蓝色蓝宝石；17 代表同样是产自俄罗斯乌拉尔山脉的深蓝色蓝宝石；18 代表产自缅甸的深蓝色蓝宝石。圆形 C 点代表标准白色日光光源。

　　从图 5.14 可以看出，Tairus 水热法合成的红宝石和蓝宝石的颜色有一部分与它们的天然的及其他方法合成的对应物的颜色有重叠。

3. 宝石学特征

　　Tairus 水热法合成带绿色的蓝色（掺 Ni^{2+} 和 Ni^{2+}-Cr^{3+}）蓝宝石、红宝石（掺 Cr^{3+}）和带粉红色的橙色（Padparadscha，掺 Ni^{3+}-Cr^{3+}）蓝宝石、黄色（掺 Ni^{3+}-Ni^{2+}）蓝宝石的宝石学特征如表 5.2、表 5.3 和表 5.4 所列。

表 5.2　Tairus 水热法合成带绿色的蓝色蓝宝石及天然和其他方法合成的对应物的特征（Thomas et al., 1997）

性质		Tairus 水热法合成蓝宝石	Chatham 助熔剂法合成蓝宝石	焰熔法合成蓝宝石	产于越南的天然蓝宝石	产于澳大利亚的天然蓝宝石	产于中国的天然蓝宝石	产于斯里兰卡的天然蓝宝石
颜色		中等到暗的、带绿色的蓝色	蓝色	中等到暗的、带紫色的蓝色（经扩散处理）	颜色中等到很暗，主要为蓝色到绿色、蓝色到蓝绿色	很浅的绿蓝色、绿蓝色，以及近无色到非常暗的蓝色	暗的蓝色、绿蓝色	非常漂亮的蓝色
颜色分布（肉眼观察）		均匀	不均匀，强的色带	不均匀，细小的弯曲色带	不均匀，明显的色带，无色或蓝色	不均匀，色带无色、淡黄或淡蓝	不均匀，很强的色带	不均匀，很强的色带
多色性		掺 Ni^{2+}-Cr^{3+} 的为弱到强的绿蓝色到蓝色；掺 Ni^{2+} 的在某些情况下，无多色性	强，紫蓝色到绿蓝色	强，紫蓝色到灰蓝色	强，蓝色或带紫的蓝色到蓝绿色或黄绿色	未见报道	强	中等，带绿色的蓝色到墨黑蓝色
折射率	n_o	1.768～1.769	1.770	1.768	1.769～1.772	1.769～1.772	1.769～1.771	1.768
	n_e	1.759～1.761	1.762	1.759	1.760～1.764	1.761～1.763	1.761～1.762	1.760
双折射率		0.007～0.010	0.008	0.009	0.008～0.009	0.008～0.009	0.008～0.009	0.008

续表

性质	Tairus 水热法合成蓝宝石	Chatham 助熔剂法合成蓝宝石	焰熔法合成蓝宝石	产于越南的天然蓝宝石	产于澳大利亚的天然蓝宝石	产于中国的天然蓝宝石	产于斯里兰卡的天然蓝宝石
相对密度	3.98～4.03	3.974～4.035	未测定	3.99～4.02	3.99～4.02	3.99～4.02	4.00
长波紫外荧光	一般为惰性，但在某些情况（高 Cr 含量）下，有略带紫色的红色荧光	可变，惰性到强的黄色到橙色荧光	惰性	惰性	惰性	惰性	惰性
短波紫外荧光	一般为惰性，但在某些情况（高 Cr 含量）下，有很弱的带紫色的红色荧光	可变，惰性到强的绿色、黄色到橙色荧光	白垩的浅蓝色	惰性	惰性	惰性	浅蓝色

表 5.3　Tairus 水热法合成红宝石、Padparadscha 蓝宝石及天然和其他方法合成的对应物的特征

性质		Tairus 水热法合成红宝石	Tairus 水热法合成的 Padparadscha 蓝宝石	Chatham 助溶剂法合成的 Padparadscha 蓝宝石	焰熔法合成的 Padparadscha 蓝宝石	产于斯里兰卡的天然 Padparadscha 蓝宝石
颜色		高饱和度的中等到暗红色	浅中到中等、带粉红色的橙色	橙色到偏红的橙色（中等到鲜艳的饱和度）	橙色到偏黄的橙色，中浅到中深色调，中度到强饱和度	带粉红色的橙色
颜色分布（肉眼观察）		有一层"雾"	均匀	色带	均匀	未见报道
多色性		饱和的橙红色和紫红色	稍偏红的橙色和浅偏红的橙色	强粉红色,以及橙色到棕黄色	弱到中度橙黄色和黄橙色	橙黄色和黄橙色
折射率	n_o	1.7688～1.770	1.765	1.770	1.768	1.768
	n_e	1.7608～1.762	1.757	1.762	1.759	1.760
双折射率		0.008	0.008	0.008	0.009	0.008
相对密度		3.998～4.00	4.00	4.00±0.003	3.97	4.00
长波紫外荧光		弱到中等红色	中等橙色	强烈到非常强烈的橙红色到黄橙色	弱的橙红色	强的杏黄色
短波紫外荧光		惰性到弱的红色	弱的橙色	很弱到弱的橙红色到黄橙色	惰性	强的杏黄色

表 5.4　Tairus 水热法合成黄色(Ni^{3+}-Ni^{2+})蓝宝石及天然对应物的特征(Thomas et al.，1997)

性质		Tairus 水热法合成的黄色蓝宝石	澳大利亚的天然黄色蓝宝石	斯里兰卡的天然黄色蓝宝石
颜色		黄色到绿黄色，浅色调，强饱和	浅黄色到鲜艳的金黄色	强烈的金黄色到浅黄色或淡黄色
颜色分布（肉眼观察）		均匀	偶尔有色带	未见报道
多色性		无	未见报道	橙黄至带灰色的黄色
折射率	n_o	1.767~1.765	1.774~1.772	1.768
	n_e	1.758	1.765~1.763	1.760
双折射率		0.007~0.009	0.008~0.009	0.008
相对密度		3.98	3.97~4.01	4.02
长波紫外荧光		惰性或弱的橙色	惰性	杏红色
短波紫外荧光		惰性或非常弱的橙色	惰性	杏橙色

4. 包裹体等内含物特征

Tairus 水热法合成刚玉宝石晶体中，有些晶体的内部是完美无缺的，基本上无内含物，但大多数则含有不同数量的内含物——固体包裹体、流体包裹体、生长纹等。

1）金属铜等固体包裹体

Tairus 水热法合成刚玉宝石中经常被观测到含有金属铜包裹体（Peretti et al.，1993，1997；Thomas et al.，1997；Schmetzer et al.，1999），它们呈分散状或局部聚集分布，可具三角形、四边形等多边形的形状，在透射光下不透明，反射光下可具金属光泽（图 5.15）。由于 Tairus 水热法在晶体生长过程中使用了含铜的氧化-还原缓

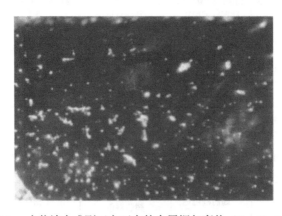

图 5.15　Tairus 水热法合成刚玉宝石中的金属铜包裹体（Peretti et al.，1993）

冲剂（Thomas et al.，1997），甚至使用铜丝来悬挂籽晶（Peretti et al.，1997），因此这些金属铜的包裹体极可能来源于此。金属铜包裹体在天然及其他方法合成的刚玉晶体中从未被发现过。其他类型的固体包裹体，像尖晶石和三水铝矿等也有被观测到（Thomas et al.，1997）。

　　2）流体包裹体

　　有两相和三相两类包裹体。其中由气相、液相构成的两相包裹体是原生包裹体，是在晶体生长过程中的一小部分矿化剂溶液被包裹进入晶体新生长层而形成的。它们是一些具有不规则、拉长形状的大包裹体，垂直籽晶片的平面并沿着平行于一对六方柱面 $a\{11\bar{2}0\}$ 的方向延伸（图 5.16）。而由液相、气相、小晶体组成的三相包裹体则是次生的包裹体，是热液沿细微裂缝进入晶体后，使晶体产生部分溶解之后又重新结晶，并圈闭这些流体而形成的，因而也叫作愈合裂隙。这类包裹体是一些典型的指纹包裹体，具有规则到不规则的图案，且与愈合特点相一致。它们也垂直籽晶片的平面，并且沿着两个方向延伸（图 5.17）。

图 5.16　不规则的、拉长的气液两相包裹体（Thomas et al.，1997）

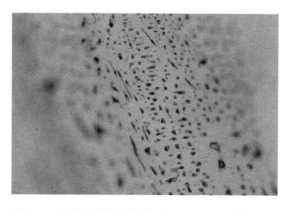

图 5.17　次生的指纹包裹体（Thomas et al.，1997）

3）生长纹

由于 Tairus 水热法合成彩色刚玉宝石晶体时所采用的籽晶片切向都是生长速度较快，并在生长过程中会消失的晶面方向，因此晶体的生长过程中在籽晶片的平面上就会出现如图 5.18 所示的，由六角双锥面交替所组成的不平坦面。随着晶体生长过程的持续，这些不平坦面会不断地向外平推延伸，最终在晶体中留下了"水波纹""Z 形""锯齿形"等形状的生长纹。这种类型的生长纹普遍出现在 Tairus 水热法合成的刚玉晶体中，在其他方法合成的对应物中还从未被发现过。

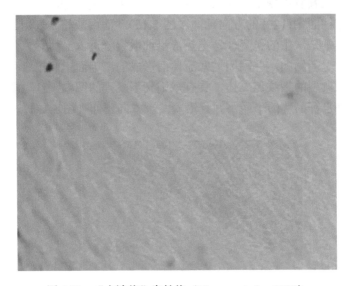

图 5.18　　"水波纹"生长纹（Thomas et al.，1997）

5. Tairus 水热法合成彩色刚玉宝石的鉴定特征

（1）"水波纹""Z 形""锯齿形"等形状的生长纹是最典型的鉴定特征，这种生长纹不同于来自不同产地的天然彩色刚玉红宝石，或者来自不同制造商的不同类型的焰熔法和助熔剂法生长的合成红宝石中的任何"漩涡"或平面生长特征。

（2）高反射性的金属铜包裹体的存在也被认为是非常独特的。但金属铜包裹体有可能被误认为天然硫化物，例如黄铁矿、黄铜矿和软铁矿，这需要进行更仔细的甄别。

（3）含 Cr 的绿蓝色合成蓝宝石对紫外辐射所产生的红色反应，与大多数天然和其他合成蓝宝石不同。

（4）Ni^{2+} 和 Ni^{3+} 在 Tairus 水热法合成蓝宝石晶体中都是很重要的致色离子，其特征是包括 377 nm、599 nm 和 970 nm 处的三个强吸收峰（带）和 435 nm 和

556 nm 处的两个弱吸收带。这种类型的致色离子在天然蓝宝石或大多数合成蓝宝石中均未发现。

（5）在 Tairus 水热法合成蓝宝石晶体的傅里叶变换红外吸收光谱中，在 2500～2000 cm^{-1} 所存在的 5 个尖锐吸收峰可将它们与天然的和其他方法合成的蓝宝石晶体区别开来。

5.4　桂林水热法合成彩色刚玉宝石晶体及其宝石学特征

桂林水热法合成彩色刚玉宝石晶体及刻面饰品（图 5.19）的研究始于 20 世纪 90 年代初，1996 年首先在红宝石上取得突破（李隽波等，1999），随后又陆续研究开发了蓝色和黄色的蓝宝石。图 5.20～图 5.22 分别为桂林水热法合成的红宝石、黄色蓝宝石、蓝色蓝宝石。经过多年的发展，桂林水热法合成的彩色刚玉宝石也形成了自己鲜明的特色，例如内部洁净、透明度高，无明显生长纹等，特别是红宝石与天然产物有较高的相似度，在鉴定特征上也有别于 Tairus 的产品。本节将介绍桂林合成彩色刚玉宝石晶体的水热法生长条件及其宝石学特征。

图 5.19　桂林水热法合成彩色刚玉宝石晶体及刻面饰品

5.4.1　桂林合成彩色刚玉宝石晶体的水热法生长

桂林水热法合成彩色刚玉宝石晶体的技术条件与 Tairus 的大体相似，区别主要在于：矿化剂配方、籽晶片切向、氧化-还原缓冲剂等，另外就是一直使用了"悬浮式"黄金衬套管从而保证了晶体内部的洁净，这也使得桂林的水热法彩色刚玉宝石在鉴定特征上与 Tairus 的有很大的区别。具体的生长条件如下。

（1）高压釜：法兰盘式自紧密封高压釜，反应腔尺寸为 $\Phi 42\ mm \times 750\ mm$。

（2）衬套管："悬浮式"黄金衬套管，内体积约 728 mL。

（3）温度和压力：原料溶解区温度约 560～580℃，温差约 50～70℃，压力约为 150～180 MPa。

（4）矿化剂溶液：1.0 mol/L Na_2CO_3 + 1.0 mol/L $KHCO_3$ 的混合溶液。

（5）籽晶及其切向：从提拉法生长的无色蓝宝石晶体上切取，切向平行六方双锥 $n\{11\bar{2}3\}$。

（6）培养料：提拉法或焰熔法合成的无色刚玉晶体的碎粒，再加入少量分析纯的 $Al(OH)_3$ 试剂。

（7）致色剂：红宝石——Cr_2O_3，或 Cr_2O_3 + K_2CrO_4(或 $K_2Cr_2O_7$)；黄色和蓝色蓝宝石——Ni_2O_3。

（8）氧化-还原缓冲剂：红宝石——无；黄色蓝宝石——H_2O_2 或 KNO_3；蓝色蓝宝石——$C_2H_2O_4 \cdot 2H_2O$。

（9）液固比：2.0～3.42 mL/g。

（10）挡板开孔率：8%～10%。

（11）表面积比：4.58～5.74。

（12）晶体生长周期：1～2 周。

在上述生长条件下，新生长出来的红宝石晶体的晶形为长厚板状，晶体透明，内部洁净，单块晶体的生长速度约 7.31～13.46 ct/d，相当于 0.3～0.6 mm/d。

作者也曾尝试过六方柱 $m\{10\bar{1}0\}$ 切向的籽晶，但晶体沿该方向的生长速度太快，晶体呈半透明状，表面及内部出现沟槽开裂，无法加工成刻面（张昌龙等，2002）。

图 5.20　桂林水热法合成的红宝石

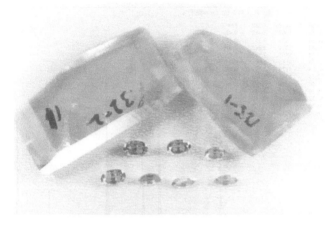

图 5.21　桂林水热法合成的黄色蓝宝石

图 5.22　桂林水热法合成的蓝色蓝宝石

5.4.2　桂林水热法合成彩色刚玉宝石晶体的宝石学特征

1. 结晶学特征

1）晶体结构

桂林水热法合成红宝石晶体的 X 射线衍射图如图 5.23 所示，并采用最小二乘法对数据进行了校正，结果显示为标准刚玉晶体的结构，晶胞参数为：$a = b = 4.762$ Å，$c = 13.006$ Å，$\alpha = \beta = 90°$，$\gamma = 120°$，与标准刚玉晶体的晶胞参数吻合得很好。

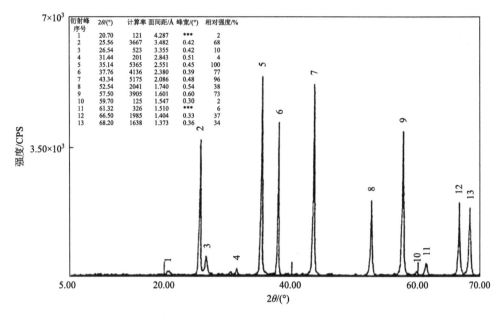

衍射峰序号	$2\theta/(°)$	计算率	面间距/Å	峰宽/(°)	相对强度/%
1	20.70	121	4.287	***	2
2	25.56	3667	3.482	0.42	68
3	26.54	523	3.355	0.42	10
4	31.44	201	2.843	0.51	4
5	35.14	5365	2.551	0.45	100
6	37.76	4136	2.380	0.39	77
7	43.34	5175	2.086	0.48	96
8	52.54	2041	1.740	0.54	38
9	57.50	3905	1.601	0.60	73
10	59.70	125	1.547	0.30	2
11	61.32	326	1.510	***	6
12	66.50	1985	1.404	0.33	37
13	68.20	1638	1.373	0.36	34

图 5.23 桂林水热法合成红宝石晶体的 X 射线衍射图

2）晶体形貌

桂林水热法合成的彩色刚玉宝石晶体一般呈长厚板状，尺寸最大者可达 50 mm × 17 mm×15 mm，重达 20.4 g。新生长晶体显露的晶面中最发育的单形是六方双锥 $n\{11\bar{2}3\}$，其次为六方柱 $a\{11\bar{2}0\}$、平行双面 $c\{0001\}$ 和菱面体 $r\{10\bar{1}1\}$（图 5.24），偶尔也有观测到复三方偏三角面体 $\{35\bar{8}1\}$、$\{13\bar{4}1\}$ 等（余海陵等，2001）。显微镜下观察结果表明，在桂林水热法合成的彩色刚玉宝石晶体的六方双锥 $n\{11\bar{2}3\}$ 面上，普遍发育有各种生长花纹，常见的有舌状生长丘（图 5.25）和阶梯状生长台阶（图 5.26）。这些生长花纹与水热法合成彩色刚玉晶体生长过程中的温度、压力、溶剂、溶液流向及温度梯度密切相关，是晶体内部结构及其生长过程的一种外部表现形式。

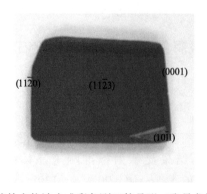

图 5.24 桂林水热法合成彩色刚玉的晶形（张昌龙等，2002）

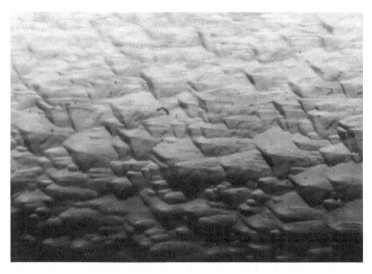

图 5.25　舌状生长丘（张昌龙等，2002）

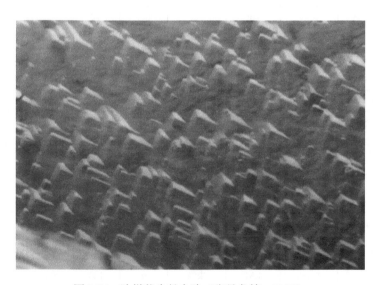

图 5.26　阶梯状生长台阶（张昌龙等，2002）

2. 化学成分特征

对桂林水热法合成彩色刚玉宝石晶体的化学成分进行了电子探针分析，结果列于表 5.5。为便于对比，表中还列出了产于缅甸的红色和粉红色红宝石晶体，以及 Tairus 水热法合成的红宝石晶体的数据。

由表中数据可见，桂林水热法合成彩色刚玉晶体的化学成分单一，主要为 Al_2O_3。红宝石中的 Cr_2O_3 的含量明显低于缅甸天然红宝石和 Tairus 水热法合成红

宝石中的 Cr_2O_3 含量，因此宝石的颜色主要为玫瑰红色，较对比物的颜色淡。而黄色和蓝色的蓝宝石中的 NiO 含量则基本上与 Tairus 的相当。

表 5.5　桂林水热法合成彩色刚玉宝石化学成分含量

颜色	样品编号	质量分数/%							氧化-还原缓冲剂
		Al_2O_3	Cr_2O_3	NiO	FeO	MnO	TiO_2	SiO_2	
红色	SR-001	99.54	0.22	bdl	bdl	bdl	bdl	bdl	无
	SR-002	99.87	0.23	bdl	bdl	bdl	bdl	bdl	
	SR-003	99.71	0.11	bdl	bdl	bdl	bdl	bdl	
	SR-004	97.89	0.13	bdl	tr	bdl	bdl	bdl	
	SR-005	98.60	0.15	bdl	tr	bdl	bdl	bdl	
	SR-006	98.35	0.17	bdl	bdl	bdl	bdl	bdl	
	SR-007	99.03	0.14	bdl	bdl	bdl	bdl	bdl	
黄色	SYS-001	未测	bdl	bdl	bdl	bdl	bdl	tr	H_2O_2 或 KNO_3
	SYS-002	未测	bdl	bdl	bdl	bdl	bdl	0.04	
	SYS-003	未测	bdl	tr	0.03	bdl	bdl	1.22	
	SYS-004	未测	bdl	tr	bdl	bdl	bdl	0.03	
	SYS-005	未测	bdl	tr	bdl	bdl	bdl	bdl	
	SYS-006	未测	bdl	tr	bdl	bdl	bdl	0.08	
	SYS-007	未测	bdl	0.04	bdl	bdl	bdl	0.05	
	SYS-008	未测	bdl	0.06	bdl	bdl	bdl	0.04	
浅蓝色	桂林水热法合成浅蓝色蓝宝石	98.94	未测	0.23	未测	未测	未测	0.03	$C_2H_2O_4 \cdot 2H_2O$
红色	Tairus水热法合成的红宝石	97.73	0.95	tr	bdl	tr	bdl	未测	
红色	缅甸红宝石1	97.50	1.81	未测	tr	未测	未测	0.54	
粉红色	缅甸红宝石2	98.85	0.94	未测	tr	未测	未测	0.14	

注：Tairus 红宝石的数据引自袁心强（2000）；缅甸红宝石的数据引自李兆聪（2001）。bdl 为低于检测限（＜0.01%）；tr 为痕量（＜0.02%）。

3. 吸收光谱和颜色特征

分别选取了红、黄、蓝三块内部洁净、几乎无明显包裹体等内含物的长厚板状晶体进行吸收光谱的测试，非偏振的测试光垂直于 $n\{11\bar{2}3\}$ 面通过晶体。

1）紫外-可见光吸收光谱

测试了桂林水热法合成掺 Cr^{3+} 的红宝石、掺 Ni^{3+} 的黄色蓝宝石，以及掺 Ni^{2+} 的蓝色蓝宝石的 UV-Vis 吸收光谱（图 5.27）。红宝石中 Cr^{3+} 的三个尖锐的吸收峰分别位于 409 nm、553 nm 和 694 nm 处，和天然红宝石的符合很好。蓝色蓝宝石中 Ni^{2+} 的强吸收带分别位于 375 nm、607 nm 和 988 nm 处，与 Tairus 水热法掺 Ni^{2+} 的也相符合，但缺少 435 nm、556 nm 处的两个弱吸收带。黄色蓝宝石中 Ni^{3+} 的强吸收带位于 403 nm 处，和 Tairus 水热法的一样，也是向紫外急剧增加。和 Tairus 水热法的同样，桂林水热法合成的黄色和蓝色蓝宝石也缺少天然对应物中的 Fe^{3+}（黄色）和 Fe^{2+}-Ti^{4+}（蓝色）的吸收峰。

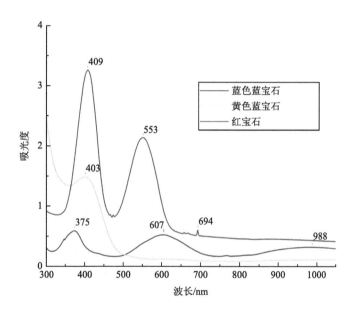

图 5.27　桂林水热法合成彩色刚玉宝石的 UV-Vis 吸收光谱

2）傅里叶变换红外吸收光谱

FTIR 吸收光谱（图 5.28）显示，桂林水热法合成的彩色刚玉宝石晶体与 Tairus 水热法合成的彩色刚玉宝石晶体有较大的区别，并且自身之间的区别也比较大。水热法生长的晶体通常情况下矿化剂溶液中的 H^+ 会以电荷补偿或填隙等方式进入到晶体中，并会与晶格中的 O^{2-} 形成 O—H 伸缩振动，从而对红外光产生较为明显的吸收。但桂林水热法合成的红宝石和黄色蓝宝石晶体在 3600～3000 cm^{-1} 无明显的 O—H 伸缩振动强吸收峰，图中标注的 3434 cm^{-1}、3309 cm^{-1}、3232 cm^{-1} 和 3183 cm^{-1} 等几处 O—H 的特征吸收峰都很弱，明显不同于 Tairus 水热法合成的和天然的红宝石和黄色蓝宝石的红外吸收特征，该结果也为其他学者的研究（袁心强，2000）所证实。

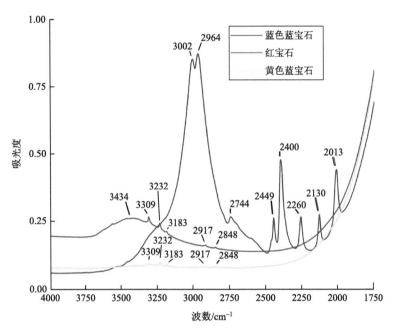

图 5.28　桂林水热法合成的彩色刚玉宝石晶体的 FTIR 吸收光谱

　　但桂林水热法掺 Ni^{2+} 的蓝色蓝宝石则显示出了强烈的红外吸收，其中 2449 cm^{-1}、2400 cm^{-1}、2260 cm^{-1}、2130 cm^{-1} 和 2013 cm^{-1} 的强吸收峰与 Tairus 水热法的掺 Ni-Cr 的蓝宝石相符合，可归于晶体中的 C—O 的振动吸收。而在 3022 cm^{-1} 和 2964 cm^{-1} 两处出现的最强吸收峰在 Tairus 水热法合成的掺 Ni^{2+} 的蓝宝石中也没有出现过，我们认为这两个吸收峰应与晶体中 O—H 的振动吸收有关。

　　探讨一下桂林水热法彩色刚玉宝石晶体的红外吸收特征的形成原因很有必要。首先作者认为与籽晶的切向有关。一般情况下晶体的质量与其生长速度成反比关系，生长速度快的晶面将会缩小消失，晶体最终会被相邻的生长速度较慢的晶面所包围，这就是布拉维法则。由于桂林水热法彩色刚玉宝石晶体籽晶的切向是 $n\{11\bar{2}3\}$ 面，该面簇是最顽强显露的晶面，生长面也平坦，虽生长速度较慢但生长出来的晶体结构完整，质量较好，因此晶体中的包裹体等内含物很少，尤其是含水的两相或三相包裹体少，有关 O—H 的振动吸收也较弱。而 Tairus 水热法彩色刚玉宝石晶体用的是生长速度快的籽晶切向，生长面呈不平坦状，极容易包裹进液体等杂质，从而使其有关 O—H 的振动吸收比较强。

　　其次，由于掺 Cr^{3+} 和掺 Ni^{3+} 都是等价替换晶格中的 Al^{3+}，不存在需要电荷补偿的问题，所以尽管生长体系中有大量的 H^+ 以及含 C—O 键的阴离子基团，但它们很难以电荷补偿的形式进入晶体，这也是 Tairus 水热法合成的红宝石和黄色蓝宝石中同样没有 C—O 的振动吸收的原因（C 的原子的半径比 H^+ 的大，难以填隙方式进入晶体）。

第三，掺 Ni^{2+} 的蓝色蓝宝石显示出强烈的 C—O 和 O—H 振动吸收，是因为 Ni^{2+} 不等价地替换 Al^{3+}，需要对其进行电荷补偿，此时溶液中的 H^{+} 以及含 C—O 键的阴离子基团就会以电荷补偿的形式进入晶体，从而形成强烈的红外吸收特征。至于桂林水热法蓝色蓝宝石为什么会有 3022 cm^{-1} 和 2964 cm^{-1} 这两个在 Tairus 水热法蓝色蓝宝石中没有出现过的最强吸收峰，可能是生长条件的差异所致。

3）颜色特征

为定量表征桂林水热法合成红宝石的颜色，陈振强等（2000）在 LeitzMPV-3 型显微光度计上，以及在 400～700 nm 范围内和室温条件下测定了红宝石刻面的（编号为 HR-1 和 HR-2）的反射率，经计算所得出的颜色指数（表 5.6）并绘于图 5.29 所示的色度图上。由表 5.6 可知，桂林水热法合成红宝石晶体的补色主波长在−516～−519 nm 之间，为饱和度较高的微带紫色的鲜红色。

表 5.6   桂林水热法合成的红宝石的反射光颜色指数

样品编号	X	Y	Z	x	y	λ_d/nm	P_e	R_{vis}
HR-1	6.2943	6.8704	4.3852	0.3586	0.3915	−519	0.51	6.87
HR-2	6.4299	6.8085	4.4053	0.3644	0.3856	−516	0.59	5.90

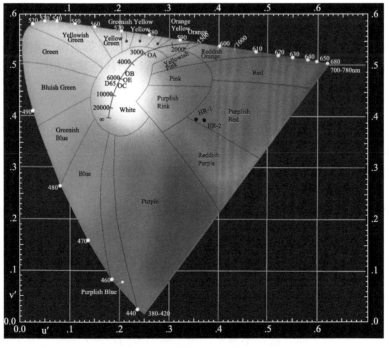

图 5.29   桂林水热法合成红宝石的 CIE 色度图

4. 宝石学特征

表 5.7 中列出了桂林水热法合成的掺 Cr^{3+} 的红宝石、掺 Ni^{3+} 的黄色蓝宝石，以及掺 Ni^{2+} 的蓝色蓝宝石的宝石学特征。

表 5.7　桂林水热法合成的彩色刚玉宝石的宝石学特征

品种		掺 Cr^{3+} 的红宝石	掺 Ni^{3+} 的黄色蓝宝石	掺 Ni^{2+} 的蓝色蓝宝石
颜色		饱和度较高，微带紫色的桃红色到鲜红色	纯正的浅黄色	浅蓝色、天空蓝
折射率	n_o	1.760～1.763	1.759～1.761	1.755～1.757
	n_e	1.769～1.772	1.769～1.770	1.761～1.762
双折射率		0.008	0.008	0.008
相对密度		3.996～4.074	3.929～4.018	3.75～4.00
多色性		紫红色到橙红色	很弱	浅蓝色到浅蓝白色
紫外荧光	长波	中等到强的鲜红色	中等到弱的杏红色	惰性
	短波	中等到弱的红到暗红色	弱的杏红色或中等的白垩色	惰性

5. 包裹体等内含物特征

桂林水热法合成的红宝石、黄色蓝宝石和蓝色蓝宝石等内部一般都比较洁净，但有时也能观察到一些包裹体等内含物，三个品种的特征基本相同，主要有以下几种。

1）气泡群包裹体

微小（直径约 0.01 mm）的气泡群多密集分布在籽晶片两边的新生长层附近（图 5.30），其成因是晶体生长初期的升温阶段矿化剂溶液对籽晶造成一定的溶蚀形成微小的蚀坑，蚀坑被液体填充形成气泡群（仲维卓，1994）。

2）流体包裹体

单个或呈串珠状分布的气液两相包裹体（图 5.31），未发现有三相包裹体。长度约 0.05 mm，椭圆或不规则形状，液体占比约 15%～25%，一般远离籽晶并孤立分布，其外形特征与天然宝石中的流体包裹体极为相似，两者在镜下不易区分。

3）指纹包裹体

沿愈合裂隙面呈面状分布，主要由微小的气液两相包裹体组成（图 5.32）。

4）固体粉末包裹体

灰白色，外形似面包屑，不透明，在晶体中多沿籽晶片附近呈星点状、面状分布，它们来源于原料中的 $Al(OH)_3$ 粉末（图 5.33）。

5）平直生长纹

在暗域场下，红宝石晶体中有暗红色与橙红色的生长纹理，呈平直带状相间分布，平行于籽晶片（图 5.34）。由于桂林水热法彩色刚玉宝石的籽晶片平行六方双锥 $n\{11\bar{2}3\}$ 面，生长出的晶体表面光洁，内部洁净，生长纹也平直，与天然彩色刚玉宝石中的生长纹相近，明显区别于 Tairus 水热法的"水波纹"生长纹。

图 5.30　微小的气泡群包裹体（张昌龙等，2002）

图 5.31　气液两相包裹体（张昌龙等，2002）

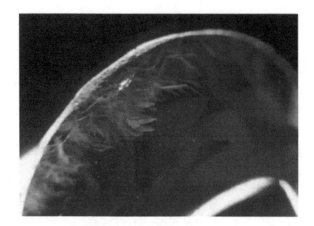

图 5.32　指纹包裹体（张昌龙等，2002）

图 5.33　固体粉末包裹体（张昌龙等，2002）

图 5.34　平直生长纹（张昌龙等，2002）

6. 鉴定特征

综上所述，可将桂林水热法合成的彩色刚玉宝石具有的诊断性鉴定特征归纳如下。

（1）桂林水热法合成的红宝石、蓝宝石等晶体的晶面一般都比较平整光滑，晶面上常见有舌状生长丘和阶梯状生长台阶，明显地不同于 Tairus 水热法合成的红宝石、蓝宝石等晶体所具有的锯齿状和沟壑状等的晶面结构特点。

（2）包裹体、生长纹等特征与天然宝石相似或相近，鉴定时需特别仔细。

（3）桂林水热法合成的黄色和蓝色蓝宝石可见光范围内无 Fe^{3+} 和 Fe^{2+}-Ti^{4+} 的吸收峰，据此可将它们与天然的黄色和蓝色蓝宝石区别开来。

（4）桂林水热法合成的红宝石和黄色蓝宝石在 3500~2000 cm^{-1} 范围内无明显 O—H 和 C—O 的振动吸收；根据这一特征可将桂林水热法合成的红宝石和黄色蓝宝石与天然和 Tairus 水热法合成的对应物区别开来。

（5）桂林水热法合成的蓝色蓝宝石除具有 5 个 C—O 的强吸收峰外，还具有 3022 cm^{-1} 和 2964 cm^{-1} 这两个 Tairus 水热法合成的蓝宝石不具有的 O—H 强吸收峰，这是区别它们的主要特征。

参 考 文 献

陈振强，张昌龙，周卫宁，等，2000. 水热法生长红宝石技术[J]. 广西科学，7（4）：286-288.

李隽波，张良钜，1999. 水热法合成红宝石的宝石学特征[J]. 桂林工学院学报，19（2）：34-38.

李兆聪，2001. 宝石鉴定法[M]. 北京：地质出版社.

余海陵，张昌龙，曾骥良，2001. 桂林水热法合成红宝石的宝石学特征及呈色[J]. 宝石和宝石学杂志，3（3）：21-24.

袁心强，2000. 桂林水热法合成红、蓝宝石的宝石学研究[J]. 宝石和宝石学杂志，2（4）：12-17，65.

张昌龙，余海陵，周卫宁，等，2002. 桂林水热法合成红宝石晶体[J].珠宝科技，14（1）：15-18.

仲维卓，1994. 人工水晶[M]. 2 版. 北京：科学出版社.

周国平，1989. 宝石学[M]. 武汉：中国地质大学出版社.

Bidny A S，Dolgova O S，Baksheev I A，et al.，2010. New data for distinguishing between hydrothermal synthetic，flux synthetic and natural corundum[J]. The Journal of Gemmology，31（1-4）：7-13.

Koivula J I，Tannous M，Schmetzer K，2000. Synthetic gem materials and simulants in the 1990s[J]. Journal of Gems & Gemology，36（4）：360-379.

Kuznetsov V A，Shternberg A A，1967. Crystallization of ruby under hydrothermal conditions[J]. Soviet Physics Crystallography，12（2）：280-285.

Laudise R A，Ballman A A，1958. Hydrothermal synthesis of sapphire[J]. Journal of the American Chemical Society，80（11）：2655-2657.

Peretti A，Mullis J，Mouawad F，et al.，1997. Inclusions in synthetic rubies and synthetic sapphires produced by hydrothermal methods[J]. The Journal of Gemmology，25（8）：540-561.

Peretti A，Smith C P，1993. A new type of synthetic ruby on the market：Offered as hydrothermal rubies from Novosibirsk[J]. Australian Gemmologist，18（5）：149-156.

Peretti A，Smith C P，1994. Letters to the editor[J]. The Journal of Gemmology，24（1）：61-63.

Schmetzer K，Peretti A，1999. Some diagnostic features of Russian hydrothermal synthetic rubies and sapphires[J]. Journal of Gems & Gemology，35（1）：17-28.

Thomas V G，Mashkovtsev R I，Smirnov S，et al.，1997. Tairus hydrothermal synthetic sapphires doped with nickel and chromium[J]. Journal of Gems & Gemology，33（3）：188-202.

附录：纯水的 *p-V-T* 表（Kennedy，1950）

温度/℃	压力/bar											
	100	150	200	250	300	350	400	450	500	600	700	800
200	0.87085	0.87437	0.87797	0.88113	0.88470	0.88754	0.89110	—	0.89720	0.90310	0.90880	0.91435
210	0.85916	0.86292	0.86679	0.87015	0.87400	0.87695	0.88040	—	0.88682	0.89302	0.89900	0.90476
220	0.84683	0.85096	0.85490	0.85871	0.86239	0.86596	0.86963	—	0.87643	0.88296	0.88926	0.89532
230	0.83401	0.83042	0.84267	0.84677	0.85072	0.85453	0.85846	—	0.86569	0.87259	0.87922	0.88557
240	0.82041	0.82524	0.82987	0.83429	0.83854	0.84263	0.84685	—	0.85455	0.86186	0.86886	0.87552
250	0.80602	0.81135	0.81641	0.82122	0.82581	0.83021	0.83475	—	0.84300	0.85076	0.85815	0.86516
260	0.79071	0.79665	0.80221	0.80747	0.81247	0.81721	0.82212	—	0.83095	0.83915	0.84697	0.85436
270	0.77431	0.78095	0.78716	0.79296	0.79843	0.80366	0.80886	—	0.81838	0.82720	0.83550	0.84330
280	0.75660	0.76415	0.77112	0.77758	0.78361	0.78924	0.79501	—	0.80526	0.81476	0.82358	0.83181
290	0.73726	0.74599	0.75393	0.76114	0.76784	0.77411	0.78027	—	0.79139	0.80161	0.81102	0.81974
300	0.71580	0.72615	0.73534	0.74363	0.75117	0.75808	0.76491	—	0.77701	0.78810	0.79820	0.80746
310	0.69139	0.70414	0.71503	0.72461	0.73323	0.74107	0.74853	—	0.76193	0.77402	0.78488	0.79476
320	0.05157	0.67913	0.69294	0.70390	0.71396	0.72298	0.73116	—	0.74601	0.75921	0.77095	0.78155
330	0.04897	0.64986	0.66699	0.68098	0.69296	0.70356	0.71266	—	0.72926	0.74380	0.75655	0.76795
340	0.04657	0.61350	0.63720	0.65508	0.66976	0.68244	0.69316	—	0.71191	0.72802	0.74196	0.75431

续表

温度/℃	压力/bar											
---	100	150	200	250	300	350	400	450	500	600	700	800
350	0.04452	0.08613	0.60003	0.62455	0.64296	0.65817	0.67176	—	0.69336	0.71115	0.72644	0.73987
360	0.04288	0.07955	0.54839	0.58944	0.61455	0.63323	0.64730	—	0.67250	0.69282	0.70977	0.72443
370	0.04134	0.07385	0.14224	0.53619	0.57770	0.60313	0.62083	0.63613	0.65013	0.67226	0.69204	0.70793
380	0.04003	0.06882	0.12040	0.43950	0.53160	0.56753	0.58962	0.60716	0.62617	0.65189	0.67521	0.69281
390	0.03886	0.06636	0.10845	0.21574	0.46189	0.52770	0.55710	0.58038	0.60024	0.63131	0.65616	0.67554
400	0.03801	0.06361	0.10040	0.16523	0.35714	0.47709	0.52050	0.55005	0.57306	0.60864	0.63613	0.65768
410	0.03720	0.06127	0.09433	0.14440	0.24906	0.40551	0.47915	0.51679	0.54377	0.58548	0.61538	0.63948
420	0.03639	0.05924	0.08908	0.13157	0.20153	0.32226	0.42771	0.47892	0.51229	0.56085	0.59347	0.62057
430	0.03560	0.05740	0.08539	0.12230	0.17661	0.28274	0.36900	0.43572	0.47778	0.53504	0.57175	0.60232
440	0.03481	0.05577	0.08203	0.11507	0.16051	0.22542	0.31806	0.38819	0.44014	0.50733	0.54854	0.58180
450	0.03400	0.05429	0.07899	0.10905	0.14858	0.20182	0.26925	0.34235	0.40176	0.47846	0.52548	0.56136
460	0.03329	0.05291	0.07628	0.10416	0.13927	0.18433	0.24021	0.30830	0.37363	0.44883	0.50200	0.54040
470	0.03267	0.05160	0.07369	0.09990	0.13140	0.17108	0.21872	0.27344	0.32970	0.41981	0.47801	0.51975
480	0.03204	0.05034	0.07158	0.09606	0.12118	0.16025	0.20251	0.24987	0.30238	0.39169	0.45330	0.49900
490	0.31450	0.04917	0.06955	0.09268	0.11976	0.15128	0.18789	0.23068	0.27793	0.36509	0.42936	0.47755
500	0.03091	0.04814	0.06772	0.08960	0.11479	0.14363	0.17784	0.21547	0.25706	0.34025	0.40617	0.45703
510	0.03036	0.04712	0.06601	0.08680	0.11046	0.13717	0.16877	0.20333	0.24003	0.31816	0.38476	0.43610
520	0.02987	0.04621	0.06453	0.08438	0.10673	0.13149	0.16056	0.19301	0.22614	0.29877	0.36416	0.41666
530	0.02940	0.04537	0.06314	0.08224	0.10330	0.12664	0.15389	0.18382	0.21445	0.28169	0.34494	0.39777
540	0.02596	0.04460	0.06188	0.07710	0.10030	0.12199	0.14764	0.17593	0.20445	0.26659	0.32711	0.38008

续表

温度/℃	压力/bar											
	100	150	200	250	300	350	400	450	500	600	700	800
550	0.02850	0.04383	0.06064	0.07826	0.09765	0.11885	0.14204	0.16891	0.19577	0.25316	0.31036	0.36324
560	0.02807	0.04320	0.05957	0.07661	0.09534	0.11486	0.13719	0.16278	0.18761	0.24125	0.29612	0.34722
570	0.02767	0.04243	0.05840	0.07495	0.09303	0.11177	0.13294	0.15701	0.18066	0.23062	0.28328	0.33200
580	0.02728	0.04177	0.05786	0.07339	0.09089	0.10896	0.12909	0.15179	0.17448	0.22133	0.27166	0.31806
590	0.26870	0.04110	0.05628	0.07193	0.08896	0.10636	0.12554	0.14705	0.16871	0.21340	0.26116	0.30571
600	0.02647	0.04042	0.05520	0.07038	0.08685	0.10371	0.12236	0.14261	0.16355	0.20631	0.25163	0.29446
610	0.02612	0.03982	0.05428	0.06910	0.08510	0.10148	0.11934	0.13854	0.15870	0.19908	0.24152	0.28365
620	0.02578	0.03923	0.05337	0.06789	0.08350	0.09943	0.11668	0.13482	0.15424	0.19342	0.23414	0.27466
630	0.02544	0.03863	0.05250	0.06670	0.08194	0.09744	0.11411	0.13142	0.15017	0.18792	0.22697	0.26602
640	0.02514	0.03810	0.05171	0.06563	0.08051	0.09559	0.11176	0.12840	0.14645	0.18283	0.22037	0.25802
650	0.02482	0.03756	0.05095	0.06461	0.07915	0.09387	0.10957	0.12552	0.14292	0.17807	0.21412	0.25040
660	0.02452	0.03704	0.05027	0.06363	0.07783	0.09220	0.10748	0.12301	0.13951	0.17369	0.20835	0.24343
670	0.02423	0.03653	0.04950	0.06268	0.07659	0.09063	0.10550	0.12065	0.13660	0.16947	0.20275	0.23660
680	0.02398	0.03609	0.04887	0.06183	0.07548	0.08920	0.10371	0.11851	0.13388	0.16564	0.19777	0.23042
690	0.02374	0.03566	0.04826	0.06099	0.07440	0.08781	0.10201	0.11646	0.13131	0.16204	0.19304	0.22466
700	0.02352	0.03528	0.04768	0.06024	0.07332	0.08644	0.10030	0.11443	0.12878	0.15853	0.18853	0.21917
710	0.02330	0.03486	0.04712	0.05938	0.07224	0.08510	0.09868	0.11250	0.12640	0.15527	0.18432	0.21409
720	0.02313	0.03453	0.04659	0.05865	0.07128	0.08391	0.09721	0.11074	0.12421	0.15229	0.18052	0.20948
730	0.02292	0.03420	0.04609	0.05798	0.07039	0.08280	0.09582	0.10911	0.12212	0.14942	0.17687	0.20507

续表

温度/°C	压力/bar											
	100	150	200	250	300	350	400	450	500	600	700	800
740	0.02273	0.03386	0.04556	0.05726	0.06949	0.08172	0.09452	0.10746	0.12022	0.14682	0.17355	0.20098
750	0.02254	0.03354	0.04504	0.05662	0.06864	0.08066	0.09311	0.10578	0.11824	0.14413	0.17018	0.19688
760	0.02238	0.03324	0.04456	0.05598	0.06781	0.07964	0.09209	0.10454	0.11668	0.14191	0.16731	0.19326
770	0.02218	0.03290	0.04407	0.55311	0.06698	0.07861	0.09071	0.10281	0.11481	0.13941	0.16409	0.18934
780	0.02200	0.03258	0.04354	0.05464	0.06606	0.07748	0.08930	0.10112	0.11293	0.13693	0.16111	0.18568
790	0.02183	0.03230	0.04320	0.05410	0.06538	0.07666	0.08836	0.10006	0.11152	0.13492	0.15850	0.18245
800	0.02170	0.03205	0.04275	0.05360	0.06480	0.07600	0.08730	0.09860	0.10998	0.13282	0.15587	0.17922
810	0.02244	0.03176	0.04235	0.05299	0.06390	0.07513	0.08606	0.09737	0.10851	0.13072	0.15342	0.17639
820	0.02135	0.03150	0.04194	0.05249	0.06321	0.07440	0.08503	0.09615	0.10706	0.12883	0.15112	0.17370
830	0.02119	0.03125	0.04154	0.05297	0.06250	0.07358	0.08403	0.09496	0.10568	0.12703	0.14896	0.17108
840	0.02111	0.03099	0.04115	0.05146	0.061842	0.07278	0.08292	0.09372	0.10437	0.12532	0.14690	0.16854
850	0.02089	0.03075	0.04076	0.05097	0.06116	0.07210	0.08197	0.09259	0.10305	0.12368	0.14488	0.16611
860	0.02074	0.03051	0.04042	0.05048	0.06053	0.07138	0.08104	0.09149	0.10172	0.12208	0.14289	0.16377
870	0.02060	0.03027	0.04005	0.05000	0.06064	0.07072	0.08006	0.09033	0.10048	0.12054	0.14096	0.16142
880	0.02046	0.03004	0.03938	0.04955	0.05931	0.07008	0.07918	0.08937	0.09930	0.11904	0.13914	0.15948
890	0.02032	0.02982	0.03933	0.04909	0.05872	0.06944	0.07837	0.08826	0.09833	0.11764	0.13786	0.15710
900	0.02018	0.02960	0.03885	0.04861	0.05814	0.06882	0.07752	0.08734	0.09723	0.11625	0.13563	0.15503
910	0.02005	0.02938	0.03866	0.04819	0.05757	0.06821	0.07669	0.08636	0.09615	0.11488	0.13390	0.15299
920	0.01991	0.02917	0.03835	0.04778	0.05701	0.06761	0.07599	0.08547	0.09506	0.11357	0.13225	0.15105
930	0.01979	0.02896	0.03803	0.04737	0.05647	0.06707	0.07519	0.08453	0.09412	0.11229	0.13066	0.14923
940	0.01965	0.02875	0.03770	0.04695	0.05596	0.06658	0.07451	0.08368	0.09328	0.11074	0.12911	0.14742
950	0.01952	0.02854	0.03741	0.04655	0.05543	0.06605	0.07375	0.08285	0.09242	0.10989	0.12764	0.14573
960	0.01940	0.02834	0.03711	0.04617	0.05491	0.06553	0.07310	0.08203	0.09157	0.10874	0.12619	0.14409
970	0.01927	0.02814	0.03679	0.04579	0.05441	0.06506	0.07289	0.08123	0.09074	0.10764	0.12479	0.14249
980	0.01914	0.02794	0.08650	0.04529	0.05388	0.06454	0.07174	0.08045	0.09001	0.10658	0.12345	0.14104
990	0.01902	0.02774	0.03620	0.04500	0.05839	0.06410	0.07107	0.07968	0.08928	0.10556	0.12217	0.13956
1000	0.01890	0.02755	0.03591	0.04464	0.05291	0.0636	0.07042	0.07893	0.08850	0.10456	0.12093	0.13817

续表

压力/bar

温度/℃	900	1000	1100	1200	1300	1400	1500	1600	1700	1800	1900	2000	2250	2500
200	0.91973	0.92498	0.93003	0.93488	0.93969	0.94414	0.9493	0.9552	0.9607	0.9656	0.9704	0.9748	0.9870	0.9973
210	0.91036	0.91578	0.92103	0.92605	0.93089	0.93559	0.9413	0.9471	0.9522	0.9571	0.9619	0.9663	0.9785	0.9893
220	0.90115	0.90681	0.91226	0.91746	0.92248	0.92734	0.9393	0.9403	0.9437	0.9484	0.9535	0.9578	0.9703	0.9808
230	0.89167	0.89755	0.90325	0.90865	0.91385	0.91887	0.9243	0.9299	0.9350	0.9394	0.9446	0.9493	0.9617	0.9725
240	0.88189	0.88802	0.89383	0.89945	0.90485	0.91005	0.9157	0.9208	0.9260	0.9308	0.9361	0.9408	0.9531	0.9642
250	0.87183	0.87823	0.88439	0.89022	0.89584	0.90122	0.9063	0.9117	0.9173	0.9218	0.9271	0.9322	0.9442	0.9558
260	0.86134	0.86805	0.87445	0.88055	0.88640	0.89198	0.8973	0.9025	0.9081	0.9129	0.9183	0.9235	0.9358	0.9471
270	0.85065	0.85767	0.86437	0.87075	0.87767	0.88267	0.8880	0.8931	0.8990	0.9040	0.9094	0.9149	0.9271	0.9388
280	0.83952	0.84690	0.85390	0.86058	0.86696	0.87299	0.8787	0.8840	0.8897	0.8949	0.9006	0.9062	0.9183	0.9304
290	0.82788	0.83566	0.84300	0.85001	0.85669	0.86299	0.8691	0.8747	0.8804	0.8858	0.8913	0.8973	0.9095	0.9219
300	0.81609	0.82429	0.83201	0.83938	0.84635	0.85295	0.8593	0.8651	0.8710	0.8766	0.8823	0.8883	0.9009	0.9135
310	0.80395	0.81263	0.82077	0.82856	0.83580	0.84270	0.8494	0.8556	0.8617	0.8673	0.8729	0.8794	0.8922	0.9048
320	0.79133	0.80056	0.80918	0.81736	0.82499	0.83222	0.8393	0.8458	0.8520	0.8577	0.8639	0.8703	0.8833	0.8882
330	0.77840	0.78821	0.79734	0.80594	0.81395	0.82155	0.8291	0.8360	0.8423	0.8483	0.8546	0.8611	0.8742	0.8880
340	0.76561	0.77606	0.78573	0.79481	0.80324	0.81123	0.8184	0.8252	0.8322	0.8388	0.8447	0.8519	0.8653	0.8794
350	0.75206	0.76327	0.77355	0.78315	0.79203	0.80044	0.8081	0.8149	0.8225	0.8292	0.8355	0.8428	0.8564	0.8707
360	0.73753	0.74960	0.76038	0.77052	0.77994	0.78882	0.7971	0.8056	0.8124	0.8195	0.8259	0.8334	0.8474	0.8622
370	0.72205	0.73540	0.74727	0.75803	0.76804	0.77760	0.7861	0.7944	0.8021	0.8095	0.8160	0.8239	0.8385	0.8538
380	0.70818	0.72199	0.73499	0.74578	0.75631	0.76621	0.7750	0.7777	0.7917	0.7992	0.8062	0.8141	0.8211	0.8447
390	0.69224	0.70714	0.72044	0.73257	0.74377	0.75418	0.7638	0.7729	0.7812	0.7890	0.7961	0.8041	0.8201	0.8359
400	0.67613	0.69283	0.70663	0.71958	0.73142	0.74242	0.7525	0.7620	0.7706	0.7786	0.7857	0.7942	0.8241	0.8269
410	0.65993	0.67755	0.69307	0.70692	0.71954	0.73114	0.7410	0.7507	0.7598	0.7679	0.7753	0.7841	0.8013	0.8177
420	0.64322	0.66239	0.67905	0.69381	0.70813	0.72037	0.7298	0.7395	0.7487	0.7574	0.7651	0.7738	0.7916	0.8089
430	0.62729	0.64816	0.66609	0.68186	0.64816	0.70906	0.7183	0.7282	0.7380	0.7468	0.7546	0.7635	0.7821	0.7996
440	0.60932	0.63197	0.65123	0.66799	0.68313	0.69681	0.7073	0.7171	0.7271	0.7363	0.7442	0.7535	0.7725	0.7905
450	0.59140	0.61587	0.63647	0.65453	0.67057	0.68504	0.6958	0.7059	0.7161	0.7256	0.7839	0.7429	0.7631	0.7812
460	0.57298	0.59936	0.62131	0.64051	0.65761	0.67286	0.6846	0.6948	0.7052	0.7162	0.7238	0.7329	0.7535	0.7723

合成宝石晶体的水热法生长

温度/℃	压力/bar													
	900	1000	1100	1200	1300	1400	1500	1600	1700	1800	1900	2000	2250	2500
470	0.55465	0.58280	0.60623	0.62658	0.64455	0.66075	0.6733	0.6838	0.6945	0.7046	0.7135	0.7226	0.7441	0.7633
480	0.53621	0.56621	0.59104	0.61255	0.63147	0.74850	0.6622	0.6733	0.6839	0.6942	0.7035	0.7129	0.7349	0.7543
490	0.51693	0.54873	0.57501	0.59768	0.61760	0.63549	0.6506	0.6626	0.6736	0.6820	0.6942	0.7036	0.7257	0.7456
500	0.49850	0.53208	0.55970	0.58350	0.60436	0.62310	0.6388	0.6509	0.6632	0.6747	0.6846	0.6943	0.7166	0.7371
510	0.47954	0.51486	0.54379	0.56869	0.59047	0.61004	0.6270	0.6397	0.6531	0.6646	0.6749	0.6847	0.7076	0.7285
520	0.46121	0.49816	0.52846	0.55441	0.57708	0.59745	0.6149	0.6290	0.6428	0.6547	0.6652	0.6755	0.6987	0.7202
530	0.44290	0.48073	0.51218	0.53904	0.56256	0.58369	0.6027	0.6192	0.6323	0.6447	0.6560	0.6663	0.6898	0.7117
540	0.42536	0.46381	0.49626	0.52400	0.54829	0.57013	0.5902	0.6064	0.6218	0.6347	0.6464	0.6567	0.6810	0.7033
550	0.40810	0.44695	0.48026	0.50878	0.53378	0.55626	0.5775	0.5948	0.6019	0.6245	0.6369	0.6476	0.6724	0.6952
560	0.39134	0.43039	0.46442	0.49362	0.51927	0.54237	0.5647	0.5827	0.5998	0.6141	0.6273	0.6385	0.6554	0.6876
570	0.37530	0.41425	0.44864	0.47887	0.50461	0.52852	0.5519	0.5705	0.5885	0.6035	0.6175	0.6294	0.6557	0.6795
580	0.36046	0.39918	0.43378	0.46387	0.49064	0.51478	0.5390	0.5584	0.5775	0.5928	0.6075	0.6201	0.6474	0.6715
590	0.34726	0.38568	0.42023	0.45065	0.47789	0.50247	0.5259	0.5464	0.5662	0.5823	0.5975	0.6108	0.6390	0.6636
600	0.33514	0.37610	0.40850	0.43905	0.46659	0.49146	0.5129	0.5342	0.5548	0.5713	0.5873	0.6013	0.6306	0.6556
610	0.32335	0.36077	0.39483	0.42539	0.45306	0.47813	0.5002	0.5220	0.5430	0.5604	0.5771	0.5914	0.6224	0.6477
620	0.31338	0.35011	0.38371	0.41421	0.44193	0.46707	0.4989	0.5098	0.5311	0.5497	0.5667	0.5816	0.6140	0.6399
630	0.30371	0.33973	0.37284	0.40312	0.43079	0.45595	0.4782	0.4992	0.5197	0.5391	0.5566	0.5720	0.6018	0.6321
640	0.29462	0.32984	0.36241	0.39240	0.41992	0.44500	0.4670	0.4885	0.5079	0.5283	0.5461	0.5558	0.5971	0.6242
650	0.28590	0.32020	0.35222	0.38185	0.40917	0.43413	0.4568	0.4786	0.4985	0.5175	0.5355	0.5521	0.5879	0.6167
660	0.27783	0.31120	0.42500	0.37168	0.39877	0.42359	0.4462	0.4681	0.4882	0.5068	0.5249	0.5422	0.5792	0.6087
670	0.26994	0.30220	0.33291	0.36159	0.38841	0.41305	0.4363	0.4585	0.4798	0.4970	0.5154	0.5321	0.5705	0.6009
680	0.26262	0.29396	0.32398	0.35218	0.37870	0.40303	0.4266	0.4488	0.4690	0.4875	0.5056	0.5227	0.5617	0.5928
690	0.25586	0.28636	0.31569	0.34340	0.36958	0.39378	0.4173	0.4395	0.4595	0.4784	0.5965	0.5133	0.5527	0.5847
700	0.24940	0.27910	0.30777	0.33499	0.36081	0.38475	0.4083	0.4304	0.4506	0.4692	0.4878	0.5050	0.5437	0.5765
710	0.24346	0.27241	0.30042	0.32717	0.35261	0.37628	0.3995	0.4217	0.4420	0.4606	0.4791	0.4960	0.5260	0.5683
720	0.23806	0.26632	0.29371	0.31998	0.34502	0.36839	0.3912	0.4130	0.4332	0.4522	0.4702	0.4878	0.5348	0.5601
730	0.23292	0.26052	0.28730	0.31308	0.33770	0.36078	0.3831	0.4046	0.4255	0.4434	0.4616	0.4807	0.5171	0.5520

续表

压力/bar

温度/℃	900	1000	1100	1200	1300	1400	1500	1600	1700	1800	1900	2000	2250	2500
740	0.22808	0.25500	0.28119	0.30648	0.33068	0.35345	0.3750	0.3963	0.4166	0.4351	0.4531	0.4703	0.5081	0.5437
750	0.22334	0.24961	0.27519	0.29997	0.32375	0.34621	0.3676	0.3888	0.4089	0.4275	0.4456	0.4627	0.5015	0.5358
760	0.21901	0.24461	0.26961	0.29391	0.31724	0.33938	0.3604	0.3815	0.4016	0.4198	0.4378	0.4549	0.4940	0.5334
770	0.21444	0.23939	0.26382	0.28764	0.31051	0.33233	0.3533	0.3743	0.3941	0.4122	0.4302	0.4474	0.4868	0.5196
780	0.21013	0.23436	0.25826	0.28157	0.30399	0.32548	0.3469	0.3673	0.3874	0.4051	0.4230	0.4399	0.4791	0.5141
790	0.20629	0.23001	0.25339	0.27619	0.29816	0.31936	0.3402	0.3606	0.3799	0.3979	0.4159	0.4327	0.4716	0.5070
800	0.20244	0.22554	0.24839	0.27079	0.29233	0.31321	0.3340	0.3541	0.3782	0.3912	0.4089	0.4255	0.4646	0.5000
810	0.19880	0.22192	0.24396	0.26595	0.28727	0.30769	0.3279	0.3479	0.3669	0.3846	0.4019	0.4129	0.4572	0.4933
820	0.19531	0.21800	0.23964	0.26116	0.28200	0.30220	0.3221	0.3417	0.3606	0.3742	0.3954	0.4118	0.4500	0.4863
830	0.19186	0.21422	0.23551	0.25667	0.27700	0.29682	0.3164	0.3357	0.3544	0.3720	0.3891	0.4055	0.4428	0.4800
840	0.18867	0.21070	0.23158	0.25246	0.27233	0.29150	0.3111	0.3300	0.3485	0.3660	0.3829	0.3992	0.4359	0.4730
850	0.18570	0.20725	0.22789	0.24821	0.26795	0.28702	0.3059	0.3246	0.3429	0.3599	0.3770	0.3929	0.4293	0.4664
860	0.18308	0.20399	0.22410	0.24420	0.26371	0.28232	0.3010	0.3194	0.3374	0.3543	0.3711	0.3871	0.4226	0.4599
870	0.18050	0.20084	0.22065	0.24032	0.25960	0.27785	0.2964	0.3144	0.3321	0.3478	0.3656	0.3812	0.4166	0.4535
880	0.17784	0.19782	0.21739	0.23674	0.25555	0.27352	0.2917	0.3095	0.3270	0.3435	0.3602	0.3759	0.4105	0.4474
890	0.17517	0.19489	0.21422	0.23326	0.25169	0.26925	0.2874	0.3048	0.3220	0.3385	0.3548	0.3705	0.4045	0.4416
900	0.17298	0.19201	0.21123	0.22988	0.24795	0.26525	0.2832	0.3003	0.8317	0.3334	0.3479	0.3652	0.3987	0.4355
910	0.17064	0.18932	0.20837	0.22655	0.24443	0.26150	0.2790	0.2959	0.3124	0.3288	0.3448	0.8365	0.3933	0.4295
920	0.16854	0.18667	0.20567	0.22336	0.24102	0.25779	0.2752	0.2915	0.3077	0.3241	0.3401	0.3551	0.3877	0.4246
930	0.16650	0.18419	0.20300	0.22026	0.23769	0.25432	0.2715	0.2873	0.3034	0.3195	0.3353	0.3505	0.3825	0.4192
940	0.16428	0.18191	0.20056	0.21724	0.23441	0.25119	0.2670	0.2833	0.2993	0.3151	0.3307	0.3570	0.3775	0.4139
950	0.16270	0.17959	0.19813	0.21450	0.23126	0.24801	0.2642	0.2794	0.2952	0.3107	0.3262	0.3411	0.3728	0.4088
960	0.16092	0.17733	0.19580	0.21177	0.22825	0.24497	0.2607	0.2757	0.2912	0.3066	0.3217	0.3368	0.3677	0.4042
970	0.15923	0.17528	0.19353	0.20920	0.22527	0.24207	0.2574	0.2721	0.2875	0.3025	0.3175	0.3325	0.3735	0.3996
980	0.15765	0.17322	0.19135	0.20673	0.22251	0.23929	0.2541	0.2686	0.2837	0.2985	0.3135	0.3281	0.3590	0.3951
990	0.15612	0.17132	0.18910	0.20441	0.21978	0.23663	0.2510	0.2652	0.2801	0.2949	0.3095	0.3241	0.3544	0.3906
1000	0.15465	0.16949	0.18702	0.20210	0.21720	0.23413	0.2478	0.2619	0.2767	0.2910	0.3046	0.3202	0.3504	0.3862